# 求异思维

REVERSE THINKING

那些高手都在用的破局思维

方智高 著

北京理工大学出版社
BEIJING INSTITUTE OF TECHNOLOGY PRESS

**图书在版编目（CIP）数据**

求异思维 / 方智高著. —北京 : 北京理工大学出版社, 2019.3
ISBN 978-7-5682-6511-9

Ⅰ. ①求… Ⅱ. ①方… Ⅲ. ①思维形式—通俗读物 Ⅳ. ①B804-49

中国版本图书馆CIP数据核字（2018）第282057号

出版发行 / 北京理工大学出版社有限责任公司
社　　址 / 北京市海淀区中关村南大街 5 号
邮　　编 / 100081
电　　话 / （010）68914775（总编室）
（010）82562903（教材售后服务热线）
（010）68948351（其他图书服务热线）
网　　址 / http: //www.bitpress.com.cn
经　　销 / 全国各地新华书店
印　　刷 / 三河市冠宏印刷装订有限公司
开　　本 / 889 毫米 × 1194 毫米　1/32
印　　张 / 7.25
字　　数 / 126千字
版　　次 / 2019 年 3 月第 1 版　2019 年 3 月第 1 次印刷
定　　价 / 32.00元

责任编辑 / 王俊洁
文案编辑 / 王俊洁
责任校对 / 周瑞红
责任印制 / 施胜娟

图书出现印装质量问题，请拨打售后服务热线，本社负责调换

# 前言

INTRODUCTION

在生活和工作中，总是有各种各样的问题需要解决，而解决问题的方式往往是约定俗成的或是固有的思维方式里存在的。这并不是说，约定俗成的或是固有的思维方式不适合问题的解决，只是需要花费更多的时间、精力等，所以，相比之下，用这种约定俗成的或是固有的思维方式解决问题，就显得有些得不偿失。

可如果从结论往回推，倒过来思考，反而会使问题变得简单。你会发现困扰你许久的问题，换个思维方式来解决，就会变得轻而易举；你也会发现你的世界豁然开朗，这便是与众不同的思维方式——求异思维。例如，开红酒的瓶塞，如果没有专用的工具，瓶塞是很难拔出来的，可是恰巧在你没有专用的开酒工具时，不妨试着把瓶塞往里推，这样酒也是可以倒出来的。我们平时看到的广告，大多数都是从正面夸耀产品的优点，这会让人觉得千篇一律，并且不能给人留下深刻的印象。有一家牛奶公司的广告却没有随大溜，他们反其道而行之，做了一则揭自己产品缺点的广告，声称某一种新研发的奶制品已经上市销售了，但由于检测出某种微量元素含量稍低，没有达到理想的营养效果，因此他们须紧急召回这批牛奶，并停止出售。其实，这是一种逆向创意的广告，以优点的对立面作为自己产品的宣扬角度，反而让公司的品质和诚信赢得了更多消费者的信赖。

学会换个思维看世界，走进求异思维，领略不同的思维方式带来的与众不同的人生。遇到解决不了的问题，不妨试试用求异思维，寻求一条最适合自己，也最省时省力的捷径，使事情得到圆满解决。

当你在山重水复之间徘徊时，不妨另辟蹊径，你会发现转角处等待你的将是柳暗花明；当你难识庐山真容、前行无果时，不妨退守来时路，你会发现换个视角之后，原来可以俯视苍穹；当你踏破铁鞋、芳踪无觅时，不妨稍作等待，你会发现你的希望就在灯火阑珊的尽头闪现……

# 目录 CONTENTS

## Chapter 1
## 换个思维看世界

## Chapter 2

# 求异思维突围术

## Chapter 3

# 求异思维交际术

## Chapter 4
# 逆向思维掌控术

Chapter 5

# 求异思维自控术

## Chapter 6
## 求异思维精进术

# Chapter 1

# 换个思维看世界

——大多数人所想的，未必就是对的

# 可怜的思维囚徒

法国大作家罗曼·罗兰在其著作《约翰·克利斯朵夫》中有这样一句话，大部分人在二三十岁就死去了，因为过了这个年龄，他们只是自己的影子，此后的余生则是在模仿自己中度过。仔细想想，的确如此。随着科技的发展，如今人们的生活水平已得到很大提高，成功也貌似变得简单，但是人们在追求成功时的思维方式也变得趋同，最后渐渐形成了可怕的固化思维，并使其成为一种定式。

其实，思维方式是人们在思考问题的过程中所体现出来的一种思想模式，具有一定的思维定式，会对人们的言行、性格和心态等产生引导性和调节性的作用。同样地，思维方式的产生、定型也受人们的性格、思想、生活环境、从事的工作、接受的教育等因素影响。随着时间的推移和经验的积累，我们慢慢为自己筑起了思维的围墙，墙里墙外，风景迥异。如果把自己封闭在墙内，并拒绝思考和改变，就会使思维固化。思维固化的人不愿意去思考逻辑的正确与否，会有意识地选择放弃思考，排斥从其他角度去思考问题，排斥灵活机动地去寻找解决问题的办法。时间长了，犹如温水煮青蛙，在不知不觉中，就成了固化思维的囚徒，而且还不自知，这是很可怕的。

美国著名科普作家阿西莫夫，是一个极其聪明的人。有一次，他遇到一位熟悉的汽车修理工，两人就交谈了起来。修理工对阿西莫夫说："博士，我出道题来考考你的智力，如何？"阿西莫夫同意了。修理工便说道："有一位既聋又哑的人来到五金商店，想买几颗钉子，他对售货员做了一个手势：左手两个指头立在柜台上，右手握成拳头做敲击状。售货员见了，给他拿来一把锤子。聋哑人摇摇头，指了指立着的那两根指头，于是售货员给他换了钉子。聋哑人拿着钉子走出了商店。接着，进来了一位盲人。这位盲人呢，想买一把剪刀，请问：盲人将会如何做？"

阿西莫夫心想，这还不简单吗，便顺口答道："盲人肯定会这样。"说着，他伸出食指和中指，作出剪刀的形状。修理工一看，大笑起来说道："盲人想买剪刀，只需要和售货员开口说'我买剪刀'就行了，为什么要打手势啊？在考你之前，我就料定你会答错。这是因为你所受的教育太多了，但并不是因为你学的知识太多而变笨了，而是因为你所学的这些知识和经验在头脑中积累，使你形成了固化的思维方式。这种思维方式束缚了人的思维，使思维按固有的路径发展。”

人们用语言沟通交流，这是一件再正常不过的事，可是受之前聋哑人买钉子行为的影响，阿西莫夫在头脑中就形成了一种思维定式，于是理解问题和解决问题的方式便也受到了很大的影响。

一个人的一生不可能事事顺遂，生活总是在解决一个又一个的问题中前行，出现问题之后，如果总是习惯于按固有的思维方式去想办法，从表面上看，这并没有任何问题。可是人们往往想不到，若能变换一种角度，用新的方式去思考，问题可能会解决得更加圆满。正确的答案不止一个，为什么不去尝试一下新答案呢？

其实形成固化思维的例子有很多，比如，用一种方式重复机械地做一件工作，时间久了，就会没有新意；在学习中，不善于寻找新的解题点，就容易自我满足。这些例子都说明一味地不变，只能让思维固化。为了适应世界的发展变化，我们就要尝试去改变固化的思维模式。

法国心理学家曾经做过一个著名的毛毛虫实验。把许多毛毛虫放在一个花盆边缘上，使其首尾相接围成一圈，然后在离花盆周围不远的地方，撒了一些毛毛虫爱吃的松叶。可是，毛毛虫一个跟着一个绕着花盆边缘一圈圈地转，直到最后因为饥饿和疲惫死去，都没有一个毛毛虫爬出圈外去觅食。这个实验表明：毛毛虫习惯于固守原有的本能、习惯、先例和经验，无法破除固有的习惯转而去觅食。

一头水牛在很小的时候就被拴在一个小小的木桩上，当时的它力气还小，没有能力挣脱束缚，但长大后的它，仍然没有从小小的木桩上挣脱。为什么呢？因为它还是抱着小时候那个不可能挣脱的心。其实，我们都知道，约束它的不是小小的木桩，而是多年来已经形成的思维习惯。

许多事例告诉人们，固化思维会让人走进死胡同。在生活中，我们也会发现，当我们打破固化的思维方式后，经常会有新的惊喜、新的发现。你们知道“苹果里的五角星”吗？通常我们切苹果的方法都是从顶部切到底部，但是如果你从苹果中间切下去，你就会发现苹果核像一颗完整的五角星。有谁能想到一个普通的苹果里居然还隐藏着一个鲜为人知的图案呢？

这就是习惯使然，因为我们已经适应了现在的思维方式。可是要改变这种僵化的思维，就需要我们改变观念，并随着形势的发展不断调整和改变自己的行为，而不是习惯性地顺着定式思维思考问题。只有爱观察、勤思考，勇于尝试、勇于创新、勇于打破固化思维的枷锁，才能不做固化思维的囚徒。

# 耳听为虚，眼见也未必为实

自古以来，中国人对“亲眼所见”一词有着高度的认可，总是认为耳听为虚，眼见为实。然而，很多时候亲眼所见的，就一定是事实吗？

有这样几个镜头，可以给我们答案。

镜头一：一个干练的职场女孩走到某报摊前，想要买一份杂志，可是卖杂志的大爷却拒绝把杂志卖给她，还恶狠狠地说：“快走吧，别来烦我。”女孩感到莫名其妙，但是每个人都在忙碌，没有人会在意她的感受。

镜头二：一位开车的小伙子，没有系安全带，还一边开车一边打着电话，刚过路口，一名交警过来拦住了他。小伙子心里感到很无奈，觉得自己有点倒霉，但没有人会在意他只是这一次忘了系安全带。

镜头三：行色匆匆的快递员，好不容易挤进了电梯，却听到电梯超载的报警声，看着还有三分钟就要被投诉的手机提醒，他感到很无奈，他也知道自己一点都不特别，没有人会给他优待，只好退出电梯。

镜头四：一个喝醉酒的失意女人在漫天风雪里摇摇晃晃，路边的小伙子拿起手机，拍下她醉酒的状态。女人感到很无奈，有些心酸，但她知道，在别人的眼里，自己可能就是一个笑话。

镜头五：一个骑三轮车的收废品大爷，在拐弯时不小心剐蹭到了一辆豪车，车主下车，二话不说就拿起铁棍，恶狠狠地走向大爷，围观的人们眼里闪过不忍，却没有任何人伸出援助之手。大爷感到很无奈，觉得真是世态炎凉啊！他知道，这个时候没有人会愿意帮助他。

一幅幅充满负能量的画面，一股股心酸不禁涌上心头，让人莫名地压抑，这就是我们眼中的世界，人们面对与己无关的事，选择了冷漠地旁观，可是我们眼睛看到的就一定是事实吗？

每个镜头下的故事，还在延续：买杂志的女孩转身的刹那，小偷缩回了伸向女孩挎包的手，恶狠狠地看向报摊的大爷，大爷却向小偷扬起了胜利者的微笑。

交警拦下小伙子的车子，并没有就他没系安全带的问题纠缠不休，而是在提醒他之后关切地告诉他，车子的油箱盖没关是很危险的，然后就随手帮他盖上，嘱咐他开车一定要注意安全。

快递员的沮丧刚浮上脸，就见电梯门又重新打开了，一位大哥走出来，拍了拍他的肩膀：“你进来，我走楼梯。”大哥转身的动作，显得那么帅气，那么阳光。

醉酒的女人最终倒在了雪地上，两名警察过来把她送到了医院，原来拍照的小伙子只是为了把她的状况告诉警察，好方便对她进行救援。

豪车车主，狠戾的目光令人感到畏惧，可是他抡起的铁棍却砸向了大爷三轮车的车身，嘴里叨咕着：“这回扯平了。”然后便扬长而去。

其实，这个世界并没有我们想象中的那么冷漠。我们只是习惯了先入为主，自以为眼见的就一定为实。可是，我们却忘了可以用另一种思维去想问题。很多时候，我们会犯跟镜头中的人同样的错误，在还没有了解事情真相的时候就妄下结论，而事实却往往与自己的想法背道而驰。生活中这样的例子比比皆是，与一个人刚刚接触，在不了解对方实际的情况下，就给对方贴上了标签，定了评价，而这只是因为是自己的“亲眼所见”。

《吕氏春秋》里有这么一个故事。孔子和弟子在周游列国的途中，由于时局不稳，经常忍饥挨饿，一行人的一日三餐也只能以野菜果腹，很多时候，连续好几天也吃不到一粒米饭。这一天，颜回好不容易要到了一些白米，就在饭快要煮熟时，孔子看到颜回掀起锅盖，抓了一些白饭往嘴里塞，孔子当时装作没看见，也没有对颜回进行责问。饭煮好后，颜回请孔子去吃饭，孔子假装若有所思地说："我刚才梦到祖先来找我，我想，先把干净还没吃过的米饭，拿来祭祖先吧！"颜回听了，顿时慌张起来，连忙说道："不可以的，这锅饭我已经先吃一口了，不可以祭祖先了。"孔子问他为何如此，颜回涨红脸，紧张地说："刚才我在煮饭的时候，不小心把一些染灰掉在了锅里，我觉得沾了染灰的白米饭扔掉太可惜了，于是我就抓起来吃了。我不是故意偷吃米饭的。"孔子听了恍然大悟，对自己的观察错误感到愧疚，于是叹息地说："我平常对颜回最为信任，但是，看到他吃米饭，我仍然会怀疑他，可见人的内心是最难确定的。而眼睛看到的，也不一定就是事实啊！弟子们要记下这件事，要了解一个人，还真是不容易啊！"

当我们对某件事或者某个人要下结论的时候，一定要从多个角度去认识。我们主观的观察与了解，也许只是真相的一小部分，当你只从一个面、一个点去观察一个人时，是很难得到真实的判断的。就连孔圣人也会对自己最信任的弟子起疑心，更何况我们呢?

很多时候，解决问题的思维不同，就会出现截然不同的结果。同样，人的价值，不能仅仅以自己所看到的画面就作出判断，所以在辨别真伪前，不要轻易地就给他人下定论。

## 很多人都是戴着有色眼镜看世界

如果有人问你，你是一个戴着有色眼镜看世界的人吗？肯定有很多人会给出否定答案。甚至会有人拍着胸脯保证，自己绝对崇尚平等，绝对是一个公平公正的人。但是，不管你信不信，我们每个人或多或少都会带着偏见看世界，戴着有色眼镜看世界。

在美国的一项超过150万白人参与的测试中，有40%的人在测试前都明确表示自己没有种族歧视，能够平等地对待黑人，但测试结果并非如此，他们几乎都对黑人抱有无意识的偏见。

所谓偏见，是指根据一定表象或虚假的信息对某一个人或某一团体作出的与判断对象真实情况不相符合的一种不公平、不合理的判断现象。换句话说，就是戴着有色眼镜看周围的人和事。

很多时候，我们不仅戴着有色眼镜看别人，也会看自己。比如，我既不是名校毕业又没有雄厚背景，怎么会有好工作？我想去一线城市工作，但自己不是北京人，又买不起房，还是考个老家的公务员吧。女生到了一定年纪就该听父母的话找个好人嫁了，在家相夫教子……很多人明明有自己的想法和追求，但还未实践就要放弃，还未开始，就否定自己。这是对自己的一种不信任，也是对自己没有足够的了解，更是以有色眼镜来看待自己。社会机会的不平等、生活让我们遭遇的各种残酷，但这并不是只针对你。对于其他人来说，也是如此。

偏见无论是对人还是对己，结果都不会令人感到愉悦。那么偏见能有多荒谬？几乎每一分钟对每一件事，我们都会凭着过去所得的认知经验在做判断。例如，我们常常会听到：生意人都很狡猾、女人的驾驶技术都很差、男人都很不爱干净、美国人都很浪漫……于是，听得多了，我们心中就会建立起一些刻板的印象，并用这些印象去评断周遭的人、事和物。

记得有这样一则故事：

有一位先生初到美国不久，某天早上他去公园散步，看到一些白人坐在草坪上聊天、晒太阳，他心想：美国人的生活真是悠闲，既有钱又懂得享受生活。感叹完后，他又向前走，不久又看到有几个黑人也悠闲地坐在草坪的另一边，这位先生不禁想：唉！黑人失业的问题还真是严重，这些人大概都在领社会救济金过生活。虽说这是一则故事，但也说明了人们总是在不经考究的情况下，凭自己的印象对某一事物或某一群体下定论。艾斯的一段妙语说得真是恰如其分：当你在暗夜走在街上，看见某扇窗亮了一盏灯。也许有人会说，这一定是母亲为还没有回家的子女在祷告。也有人会说，老天，一定有人在偷情。

其实，出现这种情况，是因为我们潜意识里发生了无意识的偏见，有时候连我们自己都难以察觉。那我们要如何知道自己是否存有这类偏见呢？我们可以采用格林沃尔德于1998年首先提出的内隐联想测试。这项测试是以人们的反应时间为指标，然后通过一种计算机化的分类任务来测量概念词与属性词之间的自动化联系的紧密程度，继而对个体的内隐态度或内隐社会认知进行测量。

据哈佛大学网站收集的测试数据统计，截至2013年，人们完成了1400万份内隐联想测试。最初的450万份测试数据揭示了如下结论：80%的测试者相较于年轻人对年长者表现出隐形的消极看法。75%～80%的白人和亚洲人相较于黑人对白人表现出隐形的偏好。同时，这一测试也轰动性地证实了一个令人不安的事实："任何形式的偏见无处不在，我们一直都饱含成见，只是我们自己并不知情而已。尽管大多数人认为自己对任何群体都无偏见，但我们大脑的活动却说明了事实并非如此。"

用哈兹里特的一句话来说，"偏见就是无知的孩子"。人扁为偏，人一旦有了偏见，就会因把人看扁而偏了，就会戴着有色眼镜看待一切。大多数的人不了解你，你也不完全了解他们，既然如此，我们就不该轻易地去评断他人，当然也不必在意别人的评断。每个人都应该做真实的自己。

想要做到摘下有色眼镜，首先，要有综合的思维，这样就能全面地了解事态的发展；其次，要避免不健康的心理因素作祟；最后，要保持一颗公正之心，并用发展、变化的眼光来看待人和事。只有这样，才能避免偏见，才能摘掉有色眼镜看世界。

# 打碎从众思维枷锁

你有没有经历过疯狂消费后的懊恼不已？你有没有因为没有坚持自己的观点和判断而扼腕叹息？你是否会因为生活中的丑恶现象而沮丧不安、畏缩不前？诸如此类的情况很多，可你有没有想过，这是什么影响着我们的思维，是什么使得我们的思维被悄然影响，甚至改变，但我们却浑然不觉。归根结底，这是因为我们的从众型思维在作怪。

从众思维，顾名思义，就是指在认知判断、解决问题时，附和多数，人云亦云，缺乏自己的独立思考，无主见、无创新意识的一种不良思维定式。而这是一种比较普遍的社会心理现象，通俗来讲，就是“人云亦云”“随大溜”。

美国心理学家索罗门·阿希曾设计了一个从众实验。实验是在一间房间内进行的，形式很简单，就是给被测试者呈现两张纸：一张纸上印有一条线段，另一张纸上印有三条线段，被测试者需要在印有三条线段的纸上找出与之前纸上印有一条线段相同长度的那条线段。每组7～9人，需要做18次测试。当被测试者来到房间时，屋子里的7个座位已经坐了6个被测试者，只有最后一把椅子空着。被测试者自然而然地会认为别人都来得比自己早，但是被测试者肯定不会想到那6个被测试者其实都是阿希的助手，是来当托儿的。接着测试开始，当然，测试的答案都是极其简单的，只要是智商正常的人都不太可能答错。在回答问题的过程中，被测试者是按座位顺序一个接一个回答问题的，这样每次被测试者总是最后一个回答。在18次测试中，被测试者有12次故意出错，当然，这12次出错是他们一起给出的错误答案。

实验结果表明，被测试者的最终正确率为63.2%，但在没有干扰、单独测试的情况下，对照组正确率则为99%。而且，在实验过程中75%的人至少有一次从众行为，也就是选择了跟助手们相同的错误答案。有5%的人甚至从头到尾跟随着众人一错到底。只有25%的人可以一直坚持自己的观点，同时也是正确的观点。实验结束后，阿希认为，人们从众的行为应该还和人群数量有关，于是他又进一步改进了实验，分别将被测试者同一名到多名实验助手组成小组。当只有被测试者和实验助手组成的两人小组进行测试时，而且当助手故意回答错误时，被测试者的最终成绩几乎和单独回答时一样好。但是当助手增加到两人时，被测试者的错误率却上升到13.6%。当助手增加到3个人时，被测试者的错误率则达到了31.8%。再继续增加助手数量时，被测试者的错误率已经没有显著变化了，这就说明，随着助手数量的增加，被测试者已经受到了大众思维的影响。

美国有一个流传很广的真人版恶作剧视频，将阿希的实验进一步地形象化：一个男子进入电梯，后来陆续上来了几个人，但每个人都是面向里背对电梯门口站着。该男子开始感觉有些不自在，在进来第五个人之后，他侧过了身体。随后又进来了第六个人，于是他转过身选择了与大家一致的站立方向。最后，下一个进入电梯的男子遇到同样的情形，他的反应与第一个男子完全一致，到第三个男子进入电梯，陆续上来的人开始整齐地变换站立的方向，一会儿集体侧站，一会儿集体背对着门站，并且还伴随着脱帽、戴帽的动作。

心理学研究表明，在人类的潜意识中有一种强烈的归属感，当个人的感觉与大多数人的意见发生冲突时，为了使自己不被别人认为是异类，不被群体所排斥，人们通常会在群体压力下放弃自己的看法，转向趋于大多数人的意见，即使那个答案是错误的。

其实，从众心理人皆有之，但以被动为前提的从众，势必会使自己的独特失去价值。一味地从众便意味着自己失去了一片晴朗的天空，抛却了一片属于自己的领地。不仅如此，从众还会产生很多消极影响，如弱化自我意识，阻碍独立思维的培养和个性的发展，扼杀创新精神和创造力等。因此，我们应该避免盲目的从众思维，对任何事物，都要有自己正确的认知与判断，打碎人云亦云的从众枷锁，这样你的世界才会天广地阔，你才会拥有自己独立的人生。

# 让人落水的“独木桥”

有这样一个寓言故事：

一天上午，小黑羊准备到森林里去采蘑菇，要经过一座只容一人通过的独木桥。当他走到桥中央时，迎面走过来一只小白羊，小白羊说：“你先让我过去吧，我比你小。”小黑羊没好气地说：“你小就有理了？你没看见是我先过来的吗？”小黑羊和小白羊各不相让，你一句我一句，结果就打了起来。这时候天空中飞过来一只小鸟，见状便劝说：“你们别打了，这样很危险的，你们俩都会掉下去的！”可是它们谁也听不进小鸟的劝告，打得反而更激烈了，只听“扑通”一声，小黑羊和小白羊都掉进了水里……

这虽是一则故事，但故事里的两只小羊如果懂得相互谦让，握手言和，就会有退一步海阔天空的结果。然而，它们谁也不退让，最终换来的必定是两败俱伤。

试想一下，如果是三只羊、五只羊或者十几只羊一起拥上独木桥，又会是怎样的后果呢?

生活中，这样的事例随处可见，当我们都拥上一条路时，就会出现各种拥挤，甚至出现踩踏事件。而如何选择一个好的方法避让就成了关键，如果只是盲目地僵持，那是没有任何意义的。

下面的寓言故事同样跟一座独木桥有关，可是结果会如何呢?

果农卖完果子挑着空担子路过一座独木桥。当他走到桥中间时，迎面跑来一只小白兔。果农想：这小白兔跑得气喘吁吁的，肯定是有什么急事，还是先让它过去吧。于是果农转过身去，想让小白兔过去，却又见一只鸭子急匆匆地跑过来，也要过桥，果农挑着空担子就这样被夹在了中间。他自言自语地说："这可怎么办呢？"小白兔和鸭子都很着急，可能都有急事，可谁先过桥更好一些呢?这可把果农急坏了，突然，他看到了自己的空担子，很快就想到了解决独木桥上困境的办法。果农先把小白兔放在担子一头的筐子里，再把鸭子放到另一头的筐子里，然后，果农挑起担子在原地转了半圈，放下担子后，小白兔和鸭子就都掉转了方向，这下谁也挡不着谁了。于是，大家都高高兴兴地去做自己的事了。

两则故事，两座独木桥，但毋庸置疑，在“独木桥”事件中，果农积极去寻找能完美解决问题的思维方式，让双方都获得最优选择，让自己和他人都感到满意的方法不能不说是值得让人拍手叫绝的，这也是值得我们去学习的。

现代社会竞争日趋激烈，无论是选择职业，还是选择商机，很多人都把争夺的焦点聚集在有限的几种热门选择上，每个人所面临的竞争都很残酷，每个人的处境也都是十分艰难的。在这种情况下，唯有另辟蹊径，找到大多数人没有注意到的“生门”，才有可能绝处逢生。

19世纪中叶，17岁的亚默尔和其他人一样，听说美国加州发现了金矿，于是就加入了美国加州的淘金行列。他历尽千辛万苦，可是经过一段时间的淘金后，却一无所获。加州的气候条件非常不好，不仅干燥，还缺少水源，山谷中的艰苦生活更是难以忍受，可是为了黄金，还是有大批的人来到此地。在淘金的人群中，随处能听到抱怨声。有的人说：“天呐，谁让我喝上一壶水，我愿意给他一块金币。”有的人大声吆喝：“谁让我痛饮一顿，我给他两块金币。”有的人则说：“我给他三块金币！”

说者无意，听者有心。在一片抱怨声中，年轻的亚默尔突发奇想，“也许买水比挖黄金更能赚钱，我为什么不去买水呢？”于是，亚默尔决定放弃找金矿，而去寻找水源。经过努力，亚默尔在远方找到一条河流。于是，他雇了几个人，就开始开渠引水，并且建立了储水池，然后经过沉淀过滤，使其成为清洁干净的饮用水，最后再将水装到大桶里，运到加州的山谷，卖给那些找金矿的人。

找金矿的人喝到亚默尔的水，都非常高兴。但是也有人嘲笑亚默尔，说他没有出息，胸无大志，千辛万苦来到加州，不去挖金子赚大钱，却干起这种蝇头小利的小买卖……亚默尔听后毫不介意，仍然做着他的饮用水的生意。后来，大部分在加州的淘金人，很多都空手而归。而亚默尔却靠着卖水，赚到了6000美元，这在当时可是一笔不少的财富，从另一方面来说，亚默尔实现了他的“淘金梦”。

为什么淘金的梦想只有亚默尔实现了？究其原因，其实很简单，那是因为亚默尔虽然也是去淘金的，但他能够在淘金的路上另辟蹊径，发现新的商机，走与他人不同的道路，所以最终才能成为真正淘到金子的“淘金”者。

日常生活里“人云亦云”的事例并不少见。当人们意识到某种生意赚钱时，都争先恐后地想去大捞一笔，殊不知在消费群体不变的情况下，大家都做同样的选择，平均到个人身上的利润又能剩下多少呢？其实，人生处处面临这样的选择，高考时要选择学校和专业，毕业后要选择公司就职，到了一定年纪要选择自己的伴侣，等等。这就意味着我们要学会退避，让开让人落水的“独木桥”，作出最优选择。

# 不做惯性思维的“受害者”

很多人说，人是习惯的产物，这话说得一点不假。人们习惯用常规的思维去思考问题，用常用的行为方式处理事情，时间久了，就会形成根深蒂固的惯性思维。当我们遇到特殊情况时，就会不自觉地陷入惯性思维，只看到人家怎么干的、前人怎么做的，自己就跟着去做。循着前人的经验走固然可以少走弯路，但是照着别人的套路前行，却很难走出有自己风格的道路。因此要想快速成长，就必须打破惯性思维，让思维学会逆行。

在一个化学实验室里，有个实验员正在向一个玻璃水槽注水，当水差不多要注满时，实验员去关水龙头，这时意外却发生了，水龙头怎么也关不住。如果水龙头修不好，再过半分钟，水就会溢出水槽，流到工作台上。一旦水浸到工作台上的仪器上，便会立即引起爆裂，里面正在发生化学反应的药品，遇到空气就会燃烧，几秒钟之内就能让整个实验室变成一片火海。实验员知道事情的严重性，显得很是惊恐万分。一位实验员一边去堵住水龙头，一边绝望地大声叫喊起来。这时，只听“嘭”的一声，只见在一旁工作的一位女实验员将手中捣药用的瓷研杵猛地投进玻璃水槽里，将水槽底部砸开了一个大洞，水流直泻而下，直接流到了地上，实验室一下转危为安。在后来的表彰大会上，人们问她，在那千钧一发之际，是怎么想到这样做的呢？这位女实验员只是淡淡地一笑，说道：“我们在上小学的时候，就已经学过了砸缸的故事，我只不过是又重复做一遍罢了。”

这个女实验员用一个最简单的办法避免了一场灾难。就如司马光砸缸救人般，关键在于打破惯性思维，破缸救命。其实这个“缸”就可以看作我们的惯性思维，很多时候我们对很多机会视而不见，只因我们被自己的思维束缚住了。这个时候唯有打破惯性思维，才能进入一个新天地。就像在这个实验室内，在大多数人的思维都还围绕着怎么把水龙头关上的时候，这位女实验员却跳出了惯性思维，想的是如何不让水浸到仪器上，而不是只走关水龙头这一条路。正是因为女实验员打破了惯性思维，才避免了一场灾难。

众所周知，广告的宣传重在广而告之。平面广告得有内容，广播广告得有声音，电视广告得有画面。这是所有人的惯性思维。但是纽约一家刚开业的银行想迅速打开自己的知名度，一般来说，在电台做广告，宣传一下，然后搞个大促销，或者请个名人推广，就可以了。但这家银行的企划人员并没有采用其他银行的宣传方法。他们知道，要想快速获得知名度，就得出位，有明显的差异化才会赢得关注。于是，在他们绞尽脑汁后，终于想出了买断纽约各电台黄金时段的10秒钟的方案，意在向人们提供“沉默时间”。他们是这样宣传的：“听众朋友，从现在开始，播放由本市国际银行向您提供的沉默时间。”然后整个纽约所有电台都沉默了，而听众也被这莫名其妙的10秒钟激起了兴趣，纷纷开始讨论。随即，各大媒体也争相报道，这件事很快就成了热门话题。

这家银行通过彻底打破惯性思维，以“沉默时间”为点，迅速打开了自己的知名度，并引起了所有人的热论。由此可见，在变化速度不断加快的时代，人们不仅要关注和追赶变化的步伐，更要鼓励使用创新的方法，使自己变得更快、更好。

有些惯性思维虽然束缚住了人们的想法，做起来费时费力，但只要努力去做，依然可以达到目的。但是某些时候，惯性思维却是一种错误的思维，这种情况就需要我们去打破它。

一只狗穿越撒哈拉沙漠时，死在了沙漠里。另一只健壮的狗知道后，想着自己的身体足够强壮，肯定能穿越撒哈拉沙漠。于是，它背着足够在沙漠中喝的水就出发了，结果它也死在了沙漠里。又一只更健硕的狗知道后，很是惊讶了，它觉得那两只同伴之所以会死在沙漠里，应该是没有带够干粮和水。于是，它带上更充足的干粮和水也去穿越这个该死的沙漠，但是它最终还是死在了沙漠里。所有的狗狗们十分纳闷，都不明白这是为什么？其实答案很简单，就是因为沙漠里既没有树，也没有电线杆，狗就是被尿憋死的，只要有一根木桩，这几只狗就不会死了。虽然这是一个笑话，但是我们能从中看出来，这就是跳不出惯性思维的结果，而这种惯性思维甚至关乎生命。

一家酒店经营得很好，人气旺盛、财源广进。于是酒店老总就准备开展另外一项业务，但他没有太多的精力去管理这家酒店，就打算在现有的三个部门经理中物色一位总经理。老总问第一位经理：“是先有鸡还是先有蛋？”第一位部门经理不假思索地说道：“先有鸡。”接着老总问第二位经理：“是先有鸡还是先有蛋？”第二位部门经理胸有成竹地回答道：“先有蛋。”这时，老总问第三位部门经理，第三位部门经理认真地回答说：“客人先点鸡，就先有鸡；客人先点蛋，就先有蛋。”老总笑了，最后，他任命第三位部门经理为这家酒店的总经理。

就事论事，往往很容易局限在一个小的圈子里，这就惯性思维。当你在惯性思维里跳不出来时，就找不到处理事情的正确方法；当你换个角度跳出原有惯性思维的框架时，即使是一个小小的改变，也可能会有意想不到的收获。只有运用逆向思维，打破惯性思维，不做惯性思维的“受害者”，才会收到出奇制胜的效果。

# 让思维来个急转弯

契诃夫说："要是火柴在你的口袋里燃烧起来，那你应该高兴，多亏你的口袋不是火药桶。要是你的手指扎了根刺，那你应该高兴，多亏这根刺不是扎在你的眼睛里。要是你的妻子对你变了心，那你应该高兴，多亏她背叛的是你，而不是你的国家。"生活就是这样，有很多看似不好的事情，可如果换个思维去想事情，也许就会发现坏事不一定是坏事。

当思维遇到阻碍时，要懂得从别的方面来思考；当我们的生活或者工作遇到自己无法解决的问题时，要学会让自己的思维来个急转弯，不要让自己走进死胡同。

当年，克里斯托弗·里夫以主演美国大片《超人》而蜚声国际影坛。然而，一场飞来的横祸让他成了一个永远只能坐在轮椅上的高位截瘫者。为了让他散心，家人就推着轮椅带他外出旅行。有一次，小车正穿行在落基山脉蜿蜒曲折的盘山公路上，克里斯托弗・里夫静静地望着窗外，发现每当车子即将行驶到无路的关头时，路边都会出现一块交通指示牌，提醒“前方转弯”或者“注意，急转弯！”的警示文字。而每拐过一道弯之后，前方照例又是一片柳暗花明、豁然开朗。山路弯弯，峰回路转，“前方转弯”或者“注意，急转弯！”几个大字一次次地冲击着克里斯托弗・里夫的眼球，也渐渐叩醒了他的心扉。原来，不是路已到了尽头，而是该转弯了。从此，克里斯托弗・里夫以轮椅代步，当起了导演。他首次执导的影片就荣获了金球奖；他还用牙关紧咬着笔，开始了艰难的写作，他的第一部书《依然是我》一问世，就进入了畅销书的排行榜。与此同时，他创立了一所瘫痪病人教育资源中心，并当选为全身瘫痪协会理事长。不仅如此，他还四处奔走，举办演讲会，为残障人的福利事业筹募善款，成了一个著名的社会活动家。

其实，在通往成功的路上每个人的机会都是均等的，每个人都可以成为自己生命中的“贵人”，而在这个过程中，关键在于思维的转变。

古代有一位国王，他有严重的洁癖，最害怕自己的鞋底会沾上泥土，于是他便命令大臣，把整个国家的道路都用布覆盖上。大臣开始组织人力丈量全国的道路，并计算了把全国所有的路覆盖上布需要的人力和财力，这一算可把大臣吓了一跳。这项工程20万工匠不停地工作就要50年，而全国的人口也不过50万。于是，大臣向国王讲述利弊，说弄不好会亡国。国王一听就怒了，将大臣处死了。国王又派另一个大臣来办此事，结果这个大臣很容易就解决了此事。他用布给国王做了一副鞋套，轻易地就解决了问题。其实，后一个大臣只不过是把自己的思维从路转到国王的脚上，使得问题变得简单了而已。人生处世如行路，要学会让思维转弯。

记得从一本杂志上看到这样一个故事：

一天，上帝突发奇想地想改变一个乞丐的命运，于是就化作一个老翁来点化他。他问乞丐："假如我给你1000元，你会如何使用它呢？"乞丐想都没想便回答上帝说："这太好了，我就可以买一部手机啦！"上帝不解地问他："为什么？""有了手机，我就可以同各个地区的人联系，看看哪里的人多。那我就可以去哪里乞讨。"乞丐得意地回答。上帝失望地又问乞丐："那如果我给你10万元呢？"乞丐高兴地说："那我就可以买一部车，再远的地方我都可以很快地赶过去乞讨了。"上帝悲哀地摇了摇头，狠狠心，继续问道："如果我给你1000万元呢？"乞丐听了两眼放光地说："那太好了，我就可以把这个城市最繁华的地区买下来。"上帝听了挺高兴。

这时乞丐突然补充了一句：“到那时，我可以把我领地里的其他乞丐全部赶出去，不让他们抢我的饭碗。”上帝听罢，彻底失望了，只好无奈地走了。

故事中的乞丐，面对机遇，始终改变不了一个乞丐的思维，他想到的只是如何更好地为行乞创造条件，而不是想着有了钱以后，做些其他的营生。这就注定了他无法改变自己行乞的命运。

在生活中，有很多像故事中的乞丐一样的人，他们墨守成规，守着自己的那“一亩三分地”不愿意走出来，生怕自己走出来后，失去自己的“领地”。可是，只要我们学会改变思维，许多事情都会改变，视野也会变得广阔，人生自然会与众不同。

听过一个山区的故事，说有一个小村子，离山里很近，所以那里狼比较多，就是在白天，也经常有狼在村边出没。家禽家畜被狼叼走的事件更是屡屡发生，弄得人们简直是“谈狼色变”。一个夏天的上午，一个男孩在村边割草时被两只狼围困住了。两狼一前一后，虎视眈眈地看着男孩，男孩很害怕，很想求救，但他知道，此时求救是徒劳的，因为村里的青壮男女都下到田里干活去了，只剩下一些老人和孩子。如果喊狼来了，喊破喉咙他们也是不敢出来的。于是，男孩急中生智大声喊道："耍猴了，耍猴了。"由于那时候的农村没有什么娱乐活动，而耍猴是很受村民们喜爱的。果然，一听到喊耍猴的声音，村子里的老人和孩子都向村子边跑过来。两只狼一看这阵势，立马夹着尾巴逃走了。男孩也得救了。如果当时男孩喊狼来了，那么他就走进了死胡同，但聪明的男孩让思维拐了个弯，成功地化解了自己面临的危机。

让思维转弯，是一种大智慧，有了这种智慧，就能以付出最少的代价收获到最大的成功，起到四两拨千斤的作用。一个人在日常生活和工作中都会遇到各种各样的问题，只有学会用思维转弯的办法看问题、用正确的心态对待它，才会使自己的生活充满阳光和快乐，才会使自己的工作迸发出无限的潜能和力量。

当你陷入进退两难的境地甚至是绝境而茫然不知所措的时候，何不让思维转个弯呢？

世界著名建筑大师格罗培斯在设计迪尔斯乐园路径时遇到"瓶颈"，后来他在葡萄自由采摘方式上得到启发，突破传统，让游人自己走出世界"最佳路径"；伊尔莎·斯奇培尔莉自小受到父亲的教导，明白通往广场的路不止一条，这使得她终身获益，不管是毛线的编织还是特色时装秀，都源于她在遭遇困境的时候懂得让思维拐个弯。有时候我们没有必要明知阻碍重重还要继续前行，非要不撞南墙不回头，也没有必要止足不前，而是要学会绕“道”前行，轻松到达目的地。

早在南宋时代的陆游，就留下千古妙语“山重水复疑无路，柳暗花明又一村”，用以指引后人。在曲折的人生道路上，人们难免会遇到各种困难，在摆脱困境时，也免不了受到传统思维的禁锢，而此时就应该让思维拐个弯，以寻得另一番风景。如果你曾经或者正在遭遇困境，希望你不要钻牛角尖，也不要轻言放弃，试着让自己的思维转个弯，然后继续寻梦，你会发现，前方海阔天空。

# Chapter 2

# 求异思维突围术

——思维开阔视野，成功就在事物的另一面

# 何为求异思维

我们在前面说过，当我们遇到棘手的问题时，如果思维固化，事情就很难解决，但如果换个思路看问题，从不同的角度去分析问题，很多问题就会迎刃而解。换句话说，就是寻找求异思维，而所谓求异思维，也可以称为逆向思维，是在思维中自觉地打破已有的思维定式、思维习惯或以往的思维成果，在事物各种巨大差异之间建立“中介”，突破经验思维束缚的思维方法。同时，求异思维也是对人们司空见惯或者已成定论的事物或观点反过来思考的一种思维方式，即“反其道而思之”，让思维向对立面的方向发展，从问题的相反面深入地进行探索，从而树立新思想，创立新形象。

曾经看过这样一则笑话：

菜市场偶遇一位大爷正在买西红柿，只见他挑了3个西红柿直接放到了秤盘上，摊主称了一下，然后说：“一斤半，3块7。”我在旁边看着那3个西红柿，觉得摊主的秤一定有问题，还没等我开口提醒大爷注意秤时，大爷便开口说道：“我打算做汤，买不了那么多，把那个最大的西红柿拿掉。”摊主按大爷的要求，再次称了一下，然后说：“一斤二两，正好3块钱。”还没等我反应过来的时候，只见大爷从容地掏出了七毛钱，拿起刚刚被拿掉的那个最大的西红柿，扭头就走了，剩下摊主和我目瞪口呆地愣在那里。大爷这种逆向思维的巧妙做法，既让摊主无话可说，也没让自己吃亏，轻轻松松就解决了问题。

逆向思维本身就有其特点，即具有普遍性、批判性和新颖性。

就逆向思维的普遍性而言，逆向思维在各种领域、各种活动中都有其适用性。由于对立统一规律是普遍适用的，而对立统一的形式又是多种多样的，因此有一种对立统一的形式，相应地就有一种逆向思维的角度。也就是说，逆向思维也有无限多种形式。如性质上对立两极的转换：软与硬、高与低等；结构、位置上的互换、颠倒：上与下、左与右等；过程上的逆转：气态变液态或液态变气态、电转为磁或磁转为电等。总而言之，无论哪种方式，只要从一个方面想到与之对立的另一方面，就都属于逆向思维的范畴。

就逆向思维的批判性而言，它是相对于正向思维来说的。而正向思维简而言之就是指常规的、常识的、公认的或习惯的想法与做法。逆向思维则恰恰与之相反，是对传统、惯例、常识的反叛，是对常规的挑战。逆向思维能够克服思维定式，破除由经验和习惯造成的僵化的认识模式。

就逆向思维的新颖性而言，循规蹈矩的思维和按传统方式解决问题虽然简单，但容易使思路僵化、刻板，摆脱不掉习惯的束缚，最后得到的往往是一些司空见惯的答案。其实，任何事物都是多面的，只不过由于受过去经验的影响，人们容易看到熟悉的一面，而对另一面视而不见。只要我们能学会逆向思考问题，就会有出人意料的收获和给人耳目一新的感觉。

逆向思维最宝贵的价值，就是它对人们认识的挑战，它可以让人们对事物的认识不断深化，一方面，在创造发明的道路上，我们离不开逆向思维；另一方面，我们也应该自觉地运用逆向思维的方法，使我们的生活与工作充满活力，展现光彩！

# 答案藏在事物的另一面

上文讲到，人们在遇到问题时，如果按照常规的正向思维走不下去的时候，不妨运用逆向思维，从问题的另一面去寻找答案，即反面求索，困局往往就会变得豁然开朗。

反面求索也属逆向思维的一种思考方式，它是从事物的相反方向提出问题，展开思考的。很多事实证明，到达成功的彼岸往往有两条方向截然相反的道路。例如，人们在进行数学运算时，都习惯从低位数算起，而我国快速计算法的发明者史丰收则从反面考虑，先从高位数算起，既不列算式，也不用任何计算工具，一次报出答案，省去了中间运算过程的烦琐，极大地提高了计算速度。这也说明了反面求索对于创造力的重要性。

曾经听过这样一则案例：

一位爸爸向老师讨教，自己的儿子上小学四年级了，但应用题解题能力比较差，自己就想除了完成老师布置的家庭作业之外，每天额外给他留一定的课外作业，可是事与愿违。凡是爸爸布置的课外作业，儿子要么讲条件完成，要么就是不认真或者拖拉很久才能完成，解题能力一点儿没得到提高不说，每天还因为做题弄得自己和孩子的关系越来越僵化，自己一点办法也没有。老师听后，给爸爸出了一个非常有意思的建议，就是改变一下角色，让爸爸每天做作业，儿子来检查。第二天，爸爸和儿子进行角色对换。没想到儿子很高兴地答应了，并且把爸爸的“作业”非常认真地检查了一遍，还把爸爸做错的题重新讲了一遍。第二天、第三天、第四天……儿子对检查作业这件事乐此不疲。就这样，在不知不觉中儿子的解题能力有了很大的提高。

很多事当我们按照正常的思维无解时，不如反过来探索，或许会使问题简单化，解决起来也会更轻而易举，甚至因此而创造奇迹。

四名长相普通的男女在大学毕业后都想找一份理想的工作，但始终未果。在履遭碰壁后，他们意识到现在的招聘公司对入职人员的外在形象要求越来越高，几人一时间陷入了僵局。就在此时，一则婚庆公司高薪招聘“伴郎”“伴娘”的启事吸引了他们的注意，可人家婚庆公司招聘的是俊男靓女，众人的目光不由黯淡下来。这时，其中一人突然灵光一闪，如果伴郎、伴娘太漂亮，不是让新郎、新娘相形见绌吗？为何自己不能去试试呢？于是，他们找到这家婚庆公司的业务总监，陈述了自己"绿叶衬红花"的创意，很快获得了尝试的机会。几次尝试后，这种逆向思维大获成功，婚庆公司的生意也日渐兴隆。这些原本的"职场弃儿"试用期满后，拿到了年薪十万元的正式签约。就这样，一群"丑小鸭"靠自己的反面求索，变成了"白天鹅"。

每年毕业季都有不少毕业求职者为了吸引招聘单位的眼球，在简历上会列举很多荣誉和成绩，结果长篇大论写了一堆，既没能给招聘单位留下深刻印象，自己的优点也没有显现出来。但我认识的一个专科毕业生小A，却运用反面求索的思维方式，为自己谋得了一份理想的职业。小A是如何在本科生扎堆的不利情况下，让招聘单位看中自己的呢？一般来说，简历在求职中是必不可少的。小A也不例外，但他没有像他人一样从介绍自己的姓名、兴趣、爱好等开始，而是先在简历上来了个"倒叙"，从招聘单位都比较注重的"工作经验"入手，先声夺人，开篇就牢牢吸引住了招聘单位的注意力。同时，与众多求职者不惜重金包装自己、吹嘘自己不同的是，小A有的放矢地介绍了自己的“缺点”。这里他玩了一点小花样，因为这些所谓的“缺点”正好是招聘单位比较看重的“特点”。这样一番功夫下来，小A自然从众多的竞争者中脱颖而出。一份看似简单的简历，用逆向思维体现，最容易显现出一个人的思维能力、工作风格和发展潜力。

尽管人们对于反面求索这种逆向思维方式有一定的了解，但是，一旦遇到具体的实际问题，人们还是习惯于用常规思维去解决问题。等到问题陷入僵局时，才会想起运用逆向思维解决。既然如此，何不在我们遇到问题需要解决时，就用逆向思维把事情的双面性进行一次对比思考，选择最有效的解决方式呢?

任何事物，都有它的对立面，就好比硬币有正反面，手有手心手背。因此，当我们遇到挫折和苦难时，我们应该往好的方向思考，这样才能有勇气面对困难，打破困境的枷锁，保持积极向上的生活态度。当然，在我们遇到好的事情时，也不要得意忘形，要做到宠辱不惊，形成一种正确对待事物的思维方式。

# 成功的方式不止一种

当我们被习惯束缚住思维的时候，很多人会一条路走到黑，给人一种“死心眼”的感觉。但我们前面讲过，很多事情的解决办法并不是唯一的，所以，当我们解决问题的时候，横着不行，就顺着来，试着变换处理问题的方式，从而帮助我们引出某种新的设想和思维方法。要知道，成功的方式不止一种。

美国著名作家马克·吐温，原名其实并不叫马克·吐温，而是叫萨缪尔·兰亨·克莱门。关于马克·吐温这个名字的由来，有这样一个小故事。在他没有成为作家之前，曾经在密西西比河上做过水手，经常随船运送货物。有一次，他工作的船载着一台高档的机器经过一座大桥时，只听二副焦虑地喊道：“马克吐温！”（水深的意思）原来上游连降暴雨，导致水位上升。船长听到呼喊，立即下令抛锚，可因为水涨船高，船一时无法通过桥洞，船长一筹莫展。就在这时，萨缪尔·兰亨·克莱门想到了一个奇特的变通方法。他让大家往船上搬石头之类的重物，这样就使得船吃水深一些，船身降低了，自然就可以通过桥洞了。后来，当萨缪尔·兰亨·克莱门开始创作时，为了纪念自己在密西西比河上做水手的日子，就给自己取笔名为马克·吐温。

在这个小故事中，马克·吐温充分展现了自己的智慧，在关键时刻很好地运用了逆向思维解决了问题。当水涨船高时，如果按大多数人的思维方式去解决问题，可能就是卸掉货物，等过完桥洞再装货物，这个办法自然是费时费力。可是运用逆向思维，就能轻松解决问题。

逆向思维所讲究的就是用不同寻常的方式，去观察和寻找事物的特点，从而得到事物显示出的某些不同寻常的性质。

一家公司的车间角落里放置了一架工作使用的梯子，为了防止梯子倒下伤着人，工作人员特意在梯子旁边写了“注意安全”的条幅。就这样，这事谁也没有放在心上。几年过去了，倒也没发生梯子倒下伤人的事件。有一次，一位客户来洽谈合作事宜，他留意到条幅后驻足了很久，最后建议将条幅改成“不用时请将梯子横放”。这是安徽省2012年的高考命题作文材料。这个考题在网上引起了广泛热议，其中呼声最高的观念便是：梯子就应竖着放，横着放会占用较大的空间。我们来分析一下梯子横着放或者竖着放的利弊。如果梯子一直竖着放，这样的确可以节省一定的空间，可一旦有人不注意碰倒了，有可能就会砸伤人。当然，梯子在被使用时，是竖着的，如果有人看到竖着放的梯子，想搬走使用时，肯定会犹豫一下，这梯子是不是有人正在用，或是等问清楚了再来取梯子，这样一来就会耽误时间。如果采纳客户的意见贴上："梯子不用时请横着放"的标语，并严格执行，当有人要使用梯子时，只要看一下梯子的状态，便能够知道梯子是否有人在用，这样不仅能够节省时间，还可提高工作效率。

看似是选择性地解决问题，其实都是人的思维方式不同所产生的不同的处理问题的方式。当我们用习惯性的思维去思考问题，得不到满意的效果时，可以从另一个角度去想一想。

生活中充满的各种各样的噪声常常使人感到心烦意乱，被人们认为是一种公害。于是，越来越多的人开始研究怎样控制和消除噪声，但是大多数的噪声都很难消除，即使研究出了消除噪声的设备，可能也达不到理想的效果。可是，有人就突发奇想，从相反的方面大胆进行了研究：既然控制噪声效果不好，那么我们能不能用噪声消除噪声呢？后来，意大利的一个声学实验室，就用逆向思维的方式设计了一种汽车消音器，这种消音器是用不锈钢制成的一个装置，有四个喇叭，在汽车行驶过程中产生噪声时，会发出反向声响，这样就可以用喇叭的噪声将汽车噪声消除。为了取得良好的消音效果，消音器要尽量装在排气管的末端。经实验，这种消音器不仅可将行驶中的汽车产生的噪声减少20分贝，而且这种装置能提高汽车的马力，因为安装这种消音器的汽车可以节省能量。

在科学领域，运用逆向思维的方式进行的研究还有很多。我们平时所知道的火箭都是向上发射的。但在1968年苏联工程师海伊尔成功设计研制出了向下方发射的钻井火箭，后来他在此基础上与人合作，又研制出了穿冰层火箭、穿岩石火箭。人们把这些向下发射的火箭，统称为“钻地火箭”。这些钻地火箭的重量只有起同样作用的机械重量的1/17，能量消耗却可以减少2/3，效率更是提高了5～8倍。科技界将钻地火箭的发明视为引起一场“穿地手段的革命”。原来破冰船的工作方式也都是由上向下的，后来科学家们通过逆向思维，研制出了潜水破冰船，这种破冰船将“由上向下压”改为“从下往上顶”，这一举动既提高了破冰效率，又减少了动力消耗。

其实，生活中也有这样的例子。看着外面阴云密布，一场大雨就要到来。这时候，奶奶突然想起小明早晨上学的时候没有带雨伞，于是奶奶拿起一把伞，准备给小明送去。只听爷爷说：“马上要下雨了，你自己也拿一把伞吧。”奶奶又找出来一把雨伞，爷爷看了看说：“有把雨伞坏了，不知道是不是你手里拿的这把。”奶奶一听，也不能拿一把坏雨伞啊，就赶紧打开了雨伞，看到雨伞没有问题之后，就要走出家门。可是，门太窄了，奶奶拿着撑开的雨伞，横着拿过不去，竖着拿还是过不去。奶奶急得满头大汗，却把一边的爷爷乐得前仰后合。直到爷爷提醒奶奶把雨伞收起来再出去，奶奶才恍然大悟。

看似笑话般的事情，在我们的生活里却真实存在着。其实很多时候，我们都需要用逆向思维来思考问题，也许就会看到完全不同的景象。

新加坡有两家餐馆，不仅所处的地理位置极差，交通也不便利，用餐的顾客是少之又少。一家餐馆的老板面对如此萧条的生意，整天唉声叹气，埋怨自己没有眼光，当初不该把那么多钱投资在这里开餐馆，这下自己十多年的心血，算是赔得血本无归了。没多久，这家餐馆便关门大吉了。另一家餐馆老板的朋友也劝他趁早关门算了，没准还有机会另谋出路，不然赔得更多。但是这个老板却没有听朋友的劝导，他决定去看看其他餐馆的经营状况。于是，他扮作一个顾客，一家餐馆一家餐馆地去考察，最后他发现那些地处闹市，生意较好的餐馆，都有一个共同的特点，那就是装修风格“现代派”味道十足，气氛非常热闹。可是，他发现一些不喜欢热闹的顾客一直皱着眉头，匆忙用餐后，又匆匆离去。看着那些不喜欢喧闹环境的顾客，这位老板想起自己餐馆所处的位置，独特而又幽静，不由得产生了一个想法，要是把自己的餐馆装修得古色古香，走幽静高雅的路线会怎么样呢？于是，他请来了装修工匠，对餐馆的外部进行了淡雅古朴的装饰，内部则用白绿两种颜色装饰，白色的柱子、白色的桌椅、绿色的墙、绿色的花草。不仅如此，老板还选用莎士比亚时代的酒桶为顾客盛酒，用从印度买来的“古战车”为顾客送菜。

一开始，生意不是很好，但过了一段时间，经过顾客们的口耳相传，奇迹出现了。很多顾客听说有一个古朴幽静的餐馆很是不错，纷纷慕名而来，餐馆的生意顿时好转。其实，任何事物本身的性质、特点与作用都有着密切的联系，如果从某种需求出发，采取一定措施，使某一事物起作用的方式发生改变，就有可能引起该事物的性质、特点或作用也相应地产生符合人的需要的某种改变。

# 赋予问题一个新的意义

其实，很多事情（或事物）原本是没有任何意义的，当某件事具有了一定意义的时候，往往是人主观赋予的。当我们在一件事上受到挫折时，不妨改变一下，赋予它新的意义，让事情朝自己有利的方向发展，才能最终达到自己想要的目的。这也是我们运用逆向思维获取成功的一种方式。

被誉为“卖报大王”的詹兆强，读书时由于家里经济拮据，靠别人的资助和勤工俭学才完成学业。1989年，詹兆强从深圳大学毕业时，正赶上深圳股票狂涨，身边好多人炒股赚了大钱，他虽心生羡慕，但由于受经济条件制约，没有足够的资金加入炒股的行列。可是，他经过仔细观察，发现刊登股市信息的报纸特别好卖，于是他另辟蹊径，干上了卖报的营生。詹兆强每天早晨四点起床拿报、分报，风雨无阻地走遍了深圳的大街小巷。

当时很多人对詹兆强的卖报行为感到不屑，甚至鄙夷，觉得他一个名牌大学的毕业生却干起了卖报纸的营生，真是不值。不仅如此，就连很多亲戚知道他卖报纸后，也纷纷提出了让他找份“正经”工作的意见。但是詹兆强并不为所动，他觉得卖报做好了，也能做成大事业。两年之后，当他有了百万家产，成为拥有四辆专用送报车，手下一百多个报贩，每天卖报3万多份的“中国第一报贩”时，他用自己的实力证明了自己，也让那些曾经看不起他的人对他刮目相看。

詹兆强获得成功，一方面，是因为他不盲目随从，能够根据自己的实际情况，权衡利弊，选择适合自己的“冷门”项目，并脚踏实地地干下去；另一方面，则是因为他把卖报纸这一在别人眼中很低微的工作，赋予了新的意义，并全身心地投入其中，最终才取得了成功。

所以，我们对某一件事情全面分析利弊，权衡得失之后，就应该勇敢地走下去。在此过程中，如果特别顺利，那你就应该居安思危，因为阳光大道上也可能存在坎坷；如果充满了阻碍，道路比较泥泞，那你就要相信条条大路通罗马，这也许是锻炼自己的机会，也许还能欣赏到路边漂亮的风景。

一群大学生兴致勃勃地走在登山的路上，想领略一下登顶之后那种“一览众山小”的豪迈，正当他们充满期待地往山上爬的时候，他们遇到了几个刚从山上下来满身疲惫的人。于是，他们问下山的人山顶怎么样？山上有什么好玩的？下山的人难掩疲惫，满脸失望地说：“山上什么也没有，就只有一座破庙，一点也不好玩……”在听到这些话后，如果你是他们中的一员，那你会作何选择？是就此停滞不前，满心失望地调头下山，还是自己亲自上去看看路上的风景？其实这个时候，你不必纠结于他人的答案，应该给自己一个微笑，给自己一次机会，自己爬上山顶去看个究竟，也许你会从中发现一些新的东西。

伟大的发明家爱迪生，在研究了8000多种不适合做灯丝的材料后，有人问他，你已经失败了8000多次了，还继续研究有什么用？爱迪生说：“我从来都没有失败过。相反，我发现了8000多种不适合做灯丝的材料……”

这就是赋予了事物另一种新的意义，使得问题截然不同。有时候，能从失败中走出来也是一种成功，如果你整天沉浸在失败的痛苦之中，那么你永远将无法成功。如果我们给事物赋予新的意义，哪怕只是思维的转变，你也会发现原来令你愁眉不展的事，也不一定都是坏事。

一位妈妈领着双胞胎女儿来到一座花园，花园里开满了玫瑰花，满园馨香，甚是令人陶醉。妈妈发现大女儿一脸兴奋，特别喜欢这座花园。而小女儿却紧皱眉头，似乎不太喜欢这里。于是妈妈就问两个女儿喜欢不喜欢这里。大女儿高兴地说：“妈妈，这里真是个好地方，你看每一丛刺上面都托着一朵花，我喜欢这里。”妈妈笑着点点头，又回头去问小女儿。小女儿却没精打采地说：“我不喜欢这里，你看每一朵美丽的玫瑰花下面都有一丛刺，这可真不是个好地方。”

从两个小女孩的话语中，我们可以看出，同一事物却给了她们不同的感受，这是由于看问题的思维方式不同所导致的不同结果。但我们更需要的则是乐观积极的态度，这样才会使生活充满快乐。

有这样一则笑话：

一个老太太有两个女儿：大女儿嫁给了一个开伞店的，二女儿成为洗衣店的主管。于是，老太太晴天担心大女儿家的雨伞卖不出去，雨天又担心二女儿家的衣服晒不干，整天忧心忡忡。后来，有人就对老太太说：“老太太，您真有福气，晴天二女儿家顾客盈门，雨天大女儿家生意兴隆啊。”老太太一想，还真是这么个理。从此，老太太每一天都过得快快乐乐的。世间之事都没有绝对的完美，我们只有怀着乐观的心态看待，才会让自己快乐地享受生活。

一片落叶，你也许只会看到它“零落成泥碾作尘”的悲惨命运，但是只要给它换个意义，你便会发现它“化作春泥更护花”的高尚节操；一支蜡烛，虽很快会“蜡炬成灰”，但它却为人照亮了前面的路。

同样一件事情，你既可以从消极的方面去看，也可以从积极的方面去看，关键在于怎样调整心态。任何事物都有其两面性，“塞翁失马，焉知非福”就是这个道理。对任何事、任何人，我们都要辩证地去看，顺境时要冷静、勿浮躁；逆境时要自信、要积极。当你发觉很多事情想不通时，不妨试着给它赋予新的意义，也许你就会发现事物美好的一面。

# 偶尔打乱一下常规的做事方式

心理学研究表明：每一个思维过程都有一个与之相反的思维过程，我们称其为互逆过程。在这个互逆过程中，存在正、逆思维的联结。有时候，对事物进行逆向思考，打乱一下那些看似稳妥的做事程序，也会收到预期效果。

曾经看过这样一件事：

随着社会经济的发展，越来越多的人开始注重生活品质的提高，在繁忙而喧闹的工作、生活之余，人们更喜欢寻一处幽雅清静之所，享受一份自然的宁静。于是，便兴起了垂钓。最近，市郊新开了一个垂钓塘，每天钓费100元，但老板承诺，如果一整天都钓不到鱼，就白送一只鸡。很多人听说之后蜂拥而来。其幽雅舒适的垂钓环境，也让人们远离了都市的喧嚣，柳荫下清风徐来，自有一份令人愉悦的悠然自在。当然，每个来垂钓的人在离开钓园的时候，手里都拎着一只鸡，他们心里自然是高兴，不停地夸赞老板够意思。后来，垂钓园看门的大爷说："老板本来是个养鸡专业户，垂钓塘里根本就没有养鱼。"

这里我们且不论老板的行为，就单纯地从老板的思维方式去分析，按照常理，他应该对自己养的鸡进行正面宣传，但是，这个老板却"不走寻常路"，而是通过垂钓园收费的方式，既让顾客满意，又达到了售卖鸡的相同效果。

从这件事我们可以看到，售卖的程序虽发生了改变，但在人们愿意接受的前提下，收到了同样的效果。我们可以说这是程序的力量，生活中很多事情解决的道路并不是只有一条，只有打破常规去思考问题，才会有所收获。

有一次，美洲草原上失火了，烈火借着风势，无情地吞噬着草原上的一切。那天刚巧有一群游客在草原上玩，一见烈火扑来，每个人都惊慌失措。幸好当时有一位老猎人与他们同行，他一见情势危急，便喊道："为了我们都有救，现在听我的。"老猎人要游客拔掉面前这片干草，清出一块空地来。这时大火越来越逼近，情况十分危险，但老猎人一副胸有成竹的样子。他让游客站到空地的一边，自己则站在靠大火的一边。烈火像游龙一样越来越近了，老猎人却在自己脚下放起火来，眨眼就在老猎人身边燃起了一道火墙，这道火墙同时向3个方向蔓延开去。游客见此大惊失色。就在这时，奇迹发生了，老猎人点燃的这道火墙并没有顺着风势烧过来，而是迎着已经烧的火烧过去了。当两堆火碰到一起时，火势骤然减弱，然后渐渐熄灭。游客们脱离险境后纷纷向老猎人请教以火灭火的道理，老猎人笑笑说："今天草原失火，风虽然是向着这边刮来，但近火的地方气流还是会向火焰那边吹去的。我放这把火就是抓准时机借助这股气流向那边扑去。这把火把附近的草木烧了，这样那边的火就再也烧不过来了。我们也就得救了。"

试想一下，当危险来临时，我们按照常规思维作出的判断一定是躲避危险；当大火逼近时，如果我们选择和火蛇赛跑，结果可想而知。但老猎人却迎火而上，利用大火引起的气流对接，点燃接近火势的干草，这一行为看似危险，却达到了以火灭火的目的，不同寻常的思维，让处在危险之中的人们转危为安，成功获救。

人类的思维有着一定的程序和步骤，掌握了正确的程序和步骤，做起事来才会有事半功倍的效果。但事物的属性往往是多方面的，掌握程序和步骤还不够，因为一件事情可以从不同的角度去理解，打破常规的做事方式，就可以利用事物的某些属性，改变其发展的程序，我们同样也能达到目的。

# 事情无法改变，就去改变自己的心

一位大师带领几位弟子参禅悟道，徒弟说：“师傅，我们听说您会很多法术，能不能让我们见识一下。”师傅说：“好吧，我就给你们露一手‘移山大法’吧，看对面的那座山，我要把它移过来。”说着，师傅就开始打坐。一个时辰过去了，对面的山一动没动。徒弟们说：“师傅，山怎么不过来呀？”师傅不慌不忙地说：“既然山不过来，那么我就过去。”说着站起来，走向对面的山。

又一日，大师带领徒弟外出，不料被一条河挡住了去路。师傅问：“这河上没有桥，我们怎么过去呢？”有弟子说：“我们蹚水而过。”师傅摇头。有弟子又说：“我们回去吧。”师傅仍然摇头。众弟子不解，于是请教师傅。师傅说：“蹚水而过，衣衫必湿，水深则有性命之忧，不足取；转身而回，虽能保平安，但目的未达到，也不足取。最好的办法是顺着河边走，总会找到小桥的。”

做一件事情，当我们用一种思维方式难以奏效时，不妨换一种思维方式，换一种角度。正如在大海上行船一样，也许我们无法改变风的方向，但我们可以改变帆的方向。一意孤行是成功的大敌，灵活多变才是走向成功的捷径。

在漫漫人生路上，我们会面临各种各样的问题，如果“移山”不行，那该不该主动去山那边呢？其实，随着外在环境的变异，提高自己的适应能力，要比一厢情愿地抛出自我呐喊等待回响智慧多了。

有位摄影师总喜欢拍集体照，每次拍照人数少则几十人，多则上百人。当然，摄影师的拍摄技术很不错，可是有个问题一直困扰着他，那就是拍出来的照片上总是有人闭眼睛。为了统一步调，摄影师按照常规做法，在按快门前高声喊道：“大家请注意听我喊一、二、三，当我喊三的时候，千万不要闭眼睛！”可是不管他怎么强调，“咔嚓”一声后，还是会有人闭眼睛。这些人看了照片，自然不高兴。后来，这位摄影师换了一种思路，竟大获成功。他让所有参加拍照的人都闭上眼睛，然后听他的口令，同样喊一、二、三，不过在“三”字刚出口时，所有人都要一起睁眼。果然，照片冲洗出来后，一个闭眼睛的都没有，照片中的人全都显得神采奕奕，两方自然皆大欢喜。

毋庸置疑，任何人遇上灾难和不幸，情绪都会受到影响，这时控制好情绪就显得特别重要。当做任何尝试都无法改变的时候，我们不妨学着适应。有时，经历过磨难之后的淡然，更能激发出生命的潜能。等到你具备了一定的条件与能力时，“山”就会过来了。

有一位女士结婚两年以后才生了个小孩，不幸的是孩子却生病死了。她的先生也抛弃了她。万念俱灰的她，准备投海自杀。于是，她上了一位老人的船，想等到船行至深海，她再跳海。老人得知这一情况后，跟她说：“两年前的你与今天的你有什么区别？”女士说：“两年前的我是单身，一个人吃饱全家不饿。既没有先生的唠叨，也没有孩子的烦恼。现在的我是一无所有。”老人说：“我看现在的你和两年前一样。两年前你没有先生，现在也没有；两年前你没有孩子，现在也没有。不仅如此，你人也没怎么变，还是那么年轻。”女士听后，幡然醒悟，微笑道：“我不跳海了，咱们回去吧！”

要做最好，就意味着要改变，许多事情我们虽无法改变，但我们可以改变自己的心，改变自己的情绪。生命就好像是一块画板，不仅需要自己去着色，还需要懂得用各种色彩去调和，这样才能绘出灿烂。

如果事情无法改变，那我们就改变自己；如果别人不喜欢自己，那是因为自己还不够让人喜欢；如果无法说服他人，那是因为自己还不具备足够的说服力；如果我们还无法成功，那是因为自己暂时还没有找到成功的方法。任何事情都应该处在“变”的状态，因为只有“变”，才能成为想要的自己。

山，如果不过来，那就让我们过去吧。

# 往“坏”的方向走一走

挪威著名剧作家易卜生，年轻时曾经热衷于工人运动。

有一天，他正在写一封秘密联络信函时，一群警察突然包围了他的住宅。警察的呐喊声夹杂着“咚咚”的敲门声，听着就让人胆战心惊。眼看警察就要破门而入了，烧毁机密文件已然来不及。或许可以藏起来，可警察进来后，一定会到处翻找，这样肯定也不行。

易卜生强作镇定，他想，既然事情已经糟糕透了，何不顺其自然，没准还有转机。于是，他将所有的机密文件揉成纸团丢在了纸篓里，把一些无关紧要的文件则藏在了床底下的一个小柜子里，才去打开大门。

警察进来后，果然是四处翻箱倒柜。易卜生假装十分惊恐地朝着床底下看了几眼。

警察注意到他的眼神，立刻朝床底下搜寻，那些易卜生故意放置的文件被警察带走了，当然，带走的还有易卜生。警察们怎么也想不到，易卜生的房间里不但有机密文件，而且这机密文件就在他们的眼皮子底下，可他们却没有一个人发现。

后来，警察发现这些文件无用，只好释放了易卜生。

易卜生转变了一下自己的思维，就使得事物朝着好的方向发展。坏事自然就变成好事了。

其实，生活中这样的情况数不胜数，关键是在遇到同样的问题时，能否转变思维，不一味地认为，坏事发展下去就一定会更严重。

有一家旅店，由于靠近旅游区，客源不断，生意很是不错。但有一件事令经理非常苦恼，那就是旅店内的一些物品，经常被住宿的旅客顺手牵羊地带走，经理本着顾客至上的原则，一直没有对来住店的顾客明说，可是又一直拿不出有效的对策来。于是，他只好叮嘱前台，在客人结账的时候，迅速派人去检查一下房内是否有东西不见了。这样一来，赶到退房高峰的时候，就会让客人们都在柜台前等待，这不仅让客人们产生了抱怨，而且让他们觉得自己不被信任，可想而知，旅客下次肯定不会再来这家旅店住宿了。旅店经理觉得这样下去也不是办法，于是就召集了各部门的主管一起想办法。在经过一番冥思苦想后，有一位年轻的主管说："既然旅客喜欢这些东西，那就让他们带走吧。"旅店经理一听，很是疑惑。年轻主管又说道："我们可以在每件东西上贴上标价签，如果旅客喜欢，可以到前台登记购买。"旅店经理觉得这不失为一种好方法，就让人在店里施行起来。于是，这家旅店内，忽然多出了好多东西，墙上的画、手工艺品，还有当地具有旅游特色的小摆饰、漂亮的桌布，甚至是柔软的枕头、床罩等。如此一来，旅馆里里外外都变得美轮美奂，旅客们的印象好极了，因为这里不仅可以买到价格公道的物品，还节省了他们去商店买东西的时间。旅店的生意也越来越好，一年下来，年终盈余竟有大部分来自旅店内的商品。

曾经让旅店经理一筹莫展的事，经过巧加利用之后，却为旅店带来了巨大收益。由此可见，当我们遇到问题难以解决时，顺着"坏"的方向走一走，也许就能走出一条既安全又充满生机的康庄大道来。

一个小商人接了一个不太熟悉的客户预订一批货物的订单，而且要求在过年之前交货。小商人急赶慢赶终于按要求把这批货赶了出来，并交给了客户。然后他就每天盯着手机，盼着能收到客户将货款打过来的信息，可是他一直没有等到。两个星期之后，小商人终于忍不住了，便搭车亲自赶往了客户的公司，在苦等几个小时之后，对方出现了。小商人用尽了自己的浑身解数，历经几个小时收到了那一笔10万元的现金支票。于是，小商人火速赶到签发支票的银行，想着能够立刻换得现金，好准备过年应急之用。可是，他将支票交给银行，柜台工作人员却告诉他，这个账号的户头已经有很长一段时间没有资金往来了，并且里面的存款也不足10万元，支票无法兑现。小商人一听，顿时明白了，原来这是那个不讲诚信的客户故意刁难自己。当下他便想再冲回客户的公司与他理论一番，但是小商人做事一向小心谨慎，在离去之前，他简单地陈述了自己的窘迫状况，并询问柜台工作人员，他的支票究竟差了多少钱，会因对方余额不足而遭到退票？由于他的态度诚恳，柜台工作人员就热心帮他进行了查询，得到的结果是，户头上只剩下9.8万元，与他的支票金额差了2000元。果然，如小商人所料的是客户存心要刁难他，看来这笔货款是凶多吉少了。就在小商人万分愁闷的时候，一个主意涌上了心头。他从身上掏出了2000元，央求柜台工作人员帮他存入客户的账户内，补足了支票面额的10万元。最后，小商人终于顺利地拿到了那笔货款。

当某件事已经到了不可逆转的地步时，很多人往往会不再抱有希望，选择放弃。可是，如果我们能够顺着事情发展的方向，打破常规思维，往“坏”的方向走一走，也许就可以柳暗花明。

# 换个角度找出路

由于人们观察事物的立足点和立场不同，对于同一事物就会得出不同的结论。但无论结论如何，只有摆脱了主观局限，置身于事物之外，高瞻远瞩，才能真正看清“庐山真面目”。要认清事物的本质，就必须从各个角度去观察，既要客观又要全面。换句话说，就是思维定式和思想方法的问题。

南京有一位颇有名气的画家，从事绘画艺术已二十余年，但是因为一次意外致使右手严重受伤，无法再继续画画了。画家在经历了痛苦、沮丧、失望之后，渐渐接受了右手无法继续作画的现实，但是他没办法扔下自己热爱的绘画事业。于是，他就换了个思路，开始尝试用左手绘画。刚开始作画的时候，画家的手抖得厉害，根本拿不稳画笔。可是在经过一段时间的练习之后，居然有了意外的惊喜。画家发现由于左右手易位，画画的角度变了，竟打破了之前许多的条条框框，这些条条框框原本存在于画家的潜意识中，没想到他现在用左手作画，画风大胆奔放，笔触着墨到位，整个画面显得既深厚鲜活，又率真自然。这种效果是画家用右手作画时苦苦探索却遍寻不得的境界。朋友们都开玩笑地说，画家这真是因祸得福啊。

其实，许多问题有时并不如我们想的那样无解，只是我们陷入了思维的死胡同，只要我们能够换一个角度重新思考，所谓的无解，就可以迎刃而解了。

当年在挖掘特洛伊古城的时候，有一位考古学家发现了一面古铜镜。铜镜背面刻着一段古怪的铭文，考古学家穷尽毕生精力都没有破译其中的奥秘。考古学家逝世后，这面镜子就收藏在大英博物馆里。许多年后的一天，一个年轻人来到博物馆，这位年轻人其实是考古学家的孙子。在博物馆馆长的陪同下，他小心翼翼地拿起铜镜翻过来，放在一块红色的天鹅绒上，铜镜背后的铭文在红色的背景上反射着冷冷的光泽。年轻人从背囊里拿了一面普通的镜子出来，照着古铜镜上的铭文，然后微笑着对博物馆馆长说："这铭文其实并不难理解，它只是将普通的古希腊文按照镜像后的文字图案雕刻上去。"博物馆馆长是一位古希腊文学家，他仔细辨析镜子上反照后的文字，一字一字慢慢地读着："致我亲爱的人，当所有的人认为你向左时，我知道你一直向右。”年轻人抬起头，叹了口气：“真可惜，我祖父花了毕生的精力也没能破解文字中的奥妙，结果竟是如此简单。”博物馆馆长沉默良久，然后感慨道：“或许你以为他一直向左，他却一直向右。”年轻人听后陷入了沉思。

遇到困难和问题，人们容易选择正向解决的方式，这就容易陷入思维困境。如果我们能尝试从逆向着眼，反面解决，也许事情反而会更简单。

银行业务员大伟是一个非常细心的人，在银行工作了多年，他经手的业务从来没有出现过任何差错，领导很是信任他。但是有一天由于大伟感冒，头脑昏沉，在一位客户取钱时，他竟然多放了一沓钞票给客户，这一沓钞票正好是5000元。他意识到这一差错后，特别懊恼，如果这5000元找不回来，那么就只能是自己认赔了。就在这时，同事小军突然想到了一个绝妙的主意。因为客户取钱的时候是从柜台取走的，所以可以从客户办理的业务信息查到他的联系方式。大伟听后，觉得找回现金希望渺茫，就想着自己认赔。小军却不这样想，他说：“你马上给那个客户打电话，告诉他你一小心多给了他1万元。”大伟听到后感到特别惊讶：“不是5000元吗？怎么能对客户说成1万元呢？”小军说：“你先按我说得做，钱一定会给你还回来的。”结果不出所料，当那个客户一听多给了自己1万元时，就不干了：“1万元？可我只看到多了5000元啊。”就这样，在情况可能会糟糕透的情况下，小军从多给现金这个角度重新找到了出路，使得大伟找回了5000元。

其实这也是一种逆向思维的方法，意在从新的角度去看待问题，转换观察分析问题的角度，旁敲侧击，也许就会有意外的惊喜。

# 少数者博弈

有这样一个假设：很多人应邀参加了一个聚会，席间大家欢声笑语，玩得都很开心。可就在这时，屋里面突然失火了，且火势很大，一时无法扑灭。房间内只有两扇门，要想逃出去，就必须从中选择一扇门。但问题是，此时所有的人都想快速逃出去，他们抢着从这两扇门逃到屋外。这时如何选择就显得很重要了。如果你选择的门是很多人选择的，那么你将因为人多拥挤冲不出去而被烧死；如果你选择的门是较少人选择的，那么你将逃出。

在这种情况下，如果你就在房间里，那你会作出怎样的选择呢？

其实，这个选择可以用很经典的少数者博弈来解释。那何谓少数者博弈呢？

诺贝尔经济学奖获得者莱茵哈德·泽尔腾在中国访问时，曾经用一个生活中的例子来向记者说明什么是博弈论，其中就提到了少数者博弈。他说，从A地到B地，有两条路可走：一条是比较好的主干道M；而另一条是侧干道S。由于开车的人多，主干道M经常很拥挤，相比之下，人少的侧干道S就很顺畅。如果应用博弈论，开车的人在资源有限的情况下考虑自己如何选择的同时，还要考虑其他人的想法，并根据自己的判断作出有利于自己的决定。这便是少数者博弈。

美国钢铁大王卡内基小时候家里很穷。有一天，他放学回家的时候经过一个工地，看到一个老板模样的人正在那儿指挥工人盖一栋摩天大楼。卡内基走上前问："我长大后怎样才能成为像你这样的人呢？第一要勤奋……这我早就知道了，那第二呢？""买一件红色衣服穿上！"老板告诉他。卡内基满腹狐疑："这与成功有什么关系呢？"老板指着前面的工人说："有啊，你看他们都穿着清一色的蓝色衣服，所以我一个都不认识。"说完，他又指着旁边一个工人说："你看那个穿红色衣服的，就因为他穿的和别人不同，这才引起了我的注意。我也就认识了他，发现了他的才能。过几天我会给他安排一个新的职位。"

所谓理有必至，事有固然，让我们在探索一些成功者的策略时，从中发现一些对我们有帮助的规律。而少数者博弈不过是这些规律之一罢了。

如果我们用博弈论的眼光来看《三国演义》，那完全就是一部记载许多博弈案例的著作。当然，罗贯中不可能用“博弈”一词。如果我们换一个词来概括《三国演义》，那非“计”不可。用计赢对方，用计算计敌人，不仅自己要选择恰当的计策，而且要算准对方用什么计策，这其实就是博弈思维。

就好比《三国演义》中著名的空城计博弈。

诸葛亮因误用马谡，致使街亭失守。司马懿率领15万大军蜂拥而来。当时孔明身边已无大将，只有少数文官和2 500百军士守在城中。文官听到司马懿率兵而来的消息后，大惊失色。孔明却登城远望，只见尘土冲天，敌兵分两路杀来。于是，孔明传令把城墙上的旌旗全都藏起来，打开城门，每一城门用20军士扮作百姓，洒扫街道。而孔明则身披大氅，头戴纶巾，桌案前放一张琴，在城上凭栏而坐，焚香抚琴。司马懿在马上远远望去，见诸葛亮焚香抚琴，笑容可掬。司马懿立即怀疑其中有诈，令急速退兵。孔明见魏军退去，拍掌大笑，其他官员怎么也想不明白，这样做怎么就能吓退魏兵呢？孔明解道，司马懿自认为我是一个谨慎的人，必定不会以身涉险，他见我如此轻松模样，必怀疑城内定有伏兵，所以才会立即撤退。我今天兵行险着，还可有一线生机，若弃城逃跑，一定会被魏兵擒住。两权相较取其轻，自然是要赌一把的。

这就是后人广为传颂的空城计，也是一个信息不对称的博弈。双方对博弈结构的了解是不对称的，诸葛亮拥有比司马懿更多的信息，当然这种信息的不对称完全是诸葛亮“制造出来的”。在诸葛亮与司马懿的博弈中，诸葛亮在了解双方的局势后，制造空城假象的目的就是让司马懿感到进攻有较大失败的可能。诸葛亮唯有通过这个办法，才能让自己转危为安。而司马懿在不了解对方的情况下，自然会觉得“退”比“攻”更合理。

其实，博弈论存在于生活的方方面面，有着越来越重要的地位，并且被越来越多的人所熟知和运用。

有这样一个博弈案例：

三个人在同一间屋子里，相互之间不许说话。美女进来说：“你们当中至少有一个人的脸是脏的。”三人互相看看，没有反应。美女又说：“你们知道吗？”三人又互相看了看，顿悟，脸一下子都红了。这是为什么呢？因为美女后面说得一句话一语点破天机。其实，三人都知道脏脸的存在，而且都在推测对方也知道脏脸的存在，可他们在相互看第一眼时，并没有表现出脸红，这就意味着他们觉得对方的脸肯定是脏脸。可是，当美女再次提醒的时候，他们又相互看了看，这时他们就会认为三人的脸都是脏脸，于是他们都表现出了脸红。

在台面上的博弈开始之前，私下的较量其实早就已经开始了。之后展示出来的结果，说到底是受共同认知作用的影响，就好比上述例子中的三人。当然，现实虽然存在类似现象，不过在共同认知所起的作用外，还在于个人如何运用博弈使得事情的发展更加有益于自己。

总而言之，博弈论代表着一种全新的分析方法和全新的思想。而少数者博弈则是在此基础上，通过选择、决策，使自己在资源有限的情况下，能够获益。正如诺贝尔经济学奖获得者包罗·萨缪尔逊所说：“要想在现代社会做个有价值的人，你就必须对博弈论有个大致了解。也可以这样说，要想赢得生意，不可不学博弈论；要想赢得生活，同样不可不学博弈论。”

# 把“不可能”变为“可能”

一个人的思维决定了他的成败。当你面对困境时，如果潜意识里先服软了，那你就真的失败了。这个世界上没有什么事情是不可能的，只要能够充分发挥自己的潜力，敢去做别人认为不能做、不可能做的事，其实你就已经成功了60%。

美国布鲁金斯学会以培养世界杰出的推销员著称于世。但它有一个传统，就是在每期学员毕业时，设计一道最能体现推销员实力的实习题，然后让学员去完成。克林顿当政期间，该学会推出了这样一个题目：请把一条三角裤推销给现任总统。8年间，无数学员为此绞尽脑汁，最后都无功而返。在克林顿卸任后，该学会把题目换成：请把一把斧子推销给现任总统小布什。并且许诺，谁能做到，就把刻有“最伟大的推销员”的一只金靴子赠予他。

许多学员对此毫无信心，甚至认为现在的总统什么都不缺，即使缺少东西，也会有专人负责去购买，把斧子推销给总统根本是不可能的事。然而，有一个叫乔治·赫伯特的推销员认为把一把斧子推销给小布什总统是完全有可能的。他在对小布什总统经过一番了解后，得知他在得克萨斯州有一个农场，里面有许多树。于是，乔治·赫伯特信心百倍地给小布什总统写了一封信。信中说：总统先生，有一次，我有幸参观了您的农场，发现种着许多矢菊树，但有些已经死掉，木质已变得松软。我想，您一定需要一把小斧子。但是从您现在的体质来看，小斧子显然太轻，因此您需要一把不甚锋利的老斧子，现在我这儿正好有一把，它是我祖父留给我的，很适合砍伐枯树。如果您有兴趣的话，请按照邮编地址付15美元。后来，乔治果然收到了小布什总统15美元的汇款。当然，他也获得了刻有“最伟大的推销员”的一只金靴子。

乔治·赫伯特成功后，布鲁金斯学会在表彰他的时候说，金靴子奖已空置了26年。这26年间，布鲁金斯学会培养了数以万计的推销员，造就了数以百计的百万富翁，可这只金靴子一直没有授予他们，那是因为我们一直想寻找一个人，一个不因有人说某一目标不能实现而放弃，不因某件事情难以办到而失去自信的人。

很多事实证明，“不可能”的事情通常是暂时的，只是人们一时没有找到解决的方法。所以，当你遇到难题或困难时，永远不要让“不可能”束缚自己的思维。要知道，有时只要再向前迈进一步，再坚持一下，也许“不可能”就会变成“可能”。成功者之所以能成功，就是因为他们对“不可能”多了一份不肯低头的韧劲和执着。

有个年轻人去一家微软公司应聘，但是该公司并没有刊登过招聘广告。年轻人见总经理疑惑不解，就用不太娴熟的英语解释说自己是碰巧路过这里，贸然就进来了。总经理感觉很新鲜，于是破例让他一试。可是，面试的结果却出人意料，年轻人的表现糟糕极了。对此，他的解释是事先没有准备，总经理认为他是为自己找托词下台阶，就随口应道：“那等你准备好了再来吧。”一周后，年轻人再次走进了那家微软公司的大门，可这次他依然没有成功。但是比起第一次面试，这次他的表现要好得多。总经理给他的回答仍然同上次一样：“那等你准备好了再来吧。”就这样，这个年轻人先后5次踏进了微软公司的大门，最终被公司录用，成为公司的重点培养对象。

也许，我们前行的步履总是沉重、蹒跚；也许，我们的人生旅途沼泽遍布，荆棘丛生；也许，我们需要在黑暗中摸索很长时间，才能找寻到光明……那么，我们为什么不可以以勇敢者的气魄，坚定而自信地对自己说一声“再试一次”，把别人认为“不可能”的事变为“可能”呢?

事实上，“不可能”只是我们欺骗自己的一个借口，是我们取得成功的绊脚石，只有甩掉这种“不可能”思维，才能将奋斗付诸行动，才能朝着既定的目标前进。而克服“不可能”思维唯一的办法就是牢固树立“没有不可能的事情”的意识。当你树立起这种意识之后，就会发现，积极主动的心态取代了消极悲观的心态；对任何事情都会主动尝试而非被动接受；无论处境如何，你都会对未来充满希望；尽管过程充满艰辛，但只要未中途放弃，越来越多的目标就都能实现……

美国著名女作家、教育家海伦·凯勒，小时候因疾病夺去了她的听力和视力。由于失去听觉，不能矫正发音的准确，她说话也是含糊不清。对于一个听不见和看不见的人来说，在一片黑暗和寂静的世界里要学会读书、写字、说话，无疑是极其困难的事。但是，海伦没有向命运屈服。她为了能清楚地发音，用一根小绳拴在一个金属棒上，一端叼在口中，另一端拴在手上，练习手口一心，写一个字，念一声。为了使写出来的字不至于歪歪扭扭，她还自制了一个木框，装配了一个滑轮练习写字。当然，莎莉文老师在此过程中也作出了很大的贡献，她让海伦将手放在自己的喉咙上，感受发声的振动，然后再来练习说话。海伦把自己的学习分成了四个步骤：第一，每天用三个小时自学；第二，用两个小时默记所学的知识；第三，用一个小时的时间将自己用三个小时所学的知识默写下来；第四，剩下的时间她用所学过的知识来练习写作。在学习与记忆的过程中，海伦每天坚持学习10个小时以上，经过长时间的刻苦学习，她掌握了大量的知识，并且能熟练地背诵大量的诗词和名著的精彩片段。后来，一本20万字的书，她用9个小时就能读完，并能说出每章每节的大意和书中精彩的句、段、章节。海伦不仅突破了识字关、语言关、写作关，还先后学会了英、法、德、拉丁、希腊五种语言，出版了14部著作，受到社会各界的赞扬与褒奖。这在我们看来“不可能”的事，海伦却把它变为了“可能”，并且超越了很多人。无怪乎，马克·吐温说：“19世纪出了两个了不起的人物：一个是拿破仑，另一个是海伦·凯勒。”

当你真正认识并彻底领悟“世上没有不可能的事情”，并在大脑内强化这种思维的时候，你就离成功又近了一步。只有积极主动的人，才能在瞬息万变的竞争环境中取得成功；只有善于展示自己的人，才能在工作中获得真正的机会，只有敢于把“不可能”变为“可能”的人，才能乘风破浪。

# Chapter 3

# 求异思维交际术

——所有的矛盾都是心理错位产生的

# 错位认知产生的矛盾

矛盾存在于一切事物中，并且自始至终发生着矛盾运动。例如：在数学里有正数和负数，在力学中有作用力与反作用力，在物理学中有正电荷和负电荷等。这是惯性思维里我们看到的事物的对立矛盾，但在逆向思维里，我们也应懂得，所有对事物或者与他人相处所产生的矛盾皆来自心理错位。

所谓心理错位，就是指由于人的主观愿望和心理与客观实际之间存在明显差距，因而造成了人对客观现实认识的多样性和不准确性。通俗来讲，就是因自己的生活习惯、人生阅历和所处位置，以及当时的心境和思维方式的不同，从而对他人或事物得出的不准确的结论。

例如：同学A这次考试考得特别差，你就会觉得一定是他能力不够，但要是换成自己没考好，就一定会认为是自己没发挥好、题难等。

人本来就是会趋利避害地选择对自己有利的事物，站在自己的立场上，发表对自己或是对他人的看法。这样一来，就容易产生矛盾，甚至激化矛盾。虽然很多时候，问题的产生既是无法避免的摩擦，又是人与人之间刻意制造出来的矛盾，但倘若我们能学会站在他人的立场上，换位思考为他人多想想，那双方就会少了许多的误解和矛盾。就像人们常常讲要蹲下身来与人相处一样。

一位年轻的母亲很喜欢逛商场，不仅如此，她还喜欢带着四岁的女儿一起逛。可是，女儿却很不喜欢商场，母亲觉得很奇怪，认为小孩子不是应该都很喜欢热闹吗？商场里有那么多琳琅满目的商品，女儿为什么不喜欢呢？于是，母亲问女儿原因，女儿又说不明白。直到有一次女儿的鞋带开了，母亲蹲下身子为她系鞋带，母亲才明白原因。原来蹲下身子哪里还有什么琳琅满目的商品，有的只是晃动着的腿。于是，母亲赶紧抱起了女儿，快步走出商店。从那以后，母亲再也不带女儿去逛商场了，即使是必须带女儿去，她也总把女儿抱在怀里，让她与大人的视线平齐看世界。

我们也要学会蹲下来看孩子的世界，设身处地地站在他们的立场上，以换位思考的角度来思考问题，不仅可以增进双方在感情上的沟通，而且能避免双方矛盾的产生。

有一部名为《搜索》的电影，让人看了以后印象深刻。影片讲述的是由高圆圆扮演的公司白领因一次公车不让座的小事，引发了蝴蝶效应般的大规模的网络暴力。同时，也让我们通过这样一件小事得以一窥现代社会的种种诟病。当然，现在越来越多的人都已有摆脱这种诟病的意识，但很多时候，人们依然会存在心理错位认知，不可避免地与他人产生各种矛盾。

无论是涉及工作还是生活，在与人相处中，总会因为错位认知而产生矛盾。抱怨上天对待自己不公平，抱怨领导不能慧眼识英才，抱怨家人对自己理解不够，抱怨同学小瞧了自己……其实，静下心来想一想，就会明白，很多我们在意的东西，都不是主要的。

一次，几位同学去拜访大学时的老师。老师问他们的生活、工作如何。一句话一下子就勾出了大家的满腹牢骚，大家纷纷诉说着生活的不如意：工作压力大呀，生活烦恼多呀，做生意不顺呀……一时间，就好像大家都成了上帝的弃儿。老师听着大家的抱怨，笑而不语。只见他从房间里拿出许多杯子，摆在茶几上。这些杯子各式各样，有瓷器的、有玻璃的、有塑料的；有的看起来高贵典雅，有的看起来简陋低廉……老师说："都是我的学生，我就不把你们当客人看了，你们要是渴了，就自己倒水喝吧。”

于是，大家纷纷选了自己中意的杯子倒水喝。等学生们手里都端了一杯水时，老师讲话了。他指着茶几上剩下的杯子说：“大家有没有发现，你们挑选的杯子都是自己觉得最好看、最别致的杯子，像这些塑料杯你们就没有人选它。”学生们面面相觑，一时不知道老师何意。这时，老师接着说：“这就是你们烦恼的根源所在。你们需要的是水，而不是杯子，但你们有意无意地都选择了好的杯子。这就好比我们的生活一样，如果生活是水的话，那么工作、金钱、地位等就是杯子，而这些只是我们用来盛起生活之水的工具。杯子的好坏，并不能影响水的质量。可如果将心思花在‘杯子’上，就失去了品尝水的甘甜的心情。这难道不是自寻烦恼吗？”听完老师的话，大家陷入了沉思。

其实，归根结底，这是源于每个人对事物错位认知的不同所引发的苦恼。如果不能尝试着换个角度想问题，不能及时认识问题，可能就会产生心理错位，从而产生矛盾。反之，则会海阔天空，觉得世界是如此美好。

# 让对方跟着自己走

让对方跟着自己走，听起来难如登天，但如果你可以尝试着探究对方的思路，以不同于对方的思路来行事，你就会发现，让对方跟着你的思路走，其实并没有想象中的困难。

斯大林逝世后，赫鲁晓夫在苏联共产党的一次代表大会上再次揭露、批判斯大林“肃反”“扩大化”等一系列错误。有人从听众席上递了一张纸条给讲台上的赫鲁晓夫。赫鲁晓夫打开一看，上面写着：那时候你在哪里？这个问题十分尖锐，但如果赫鲁晓夫不回答，那也就意味着他承认了自己的懦弱和自私。

赫鲁晓夫要解决这个问题，就必须用某种事实告诉众人，自己现在的行为是在实实在在地纠正错误，同时还要让众人理解、默认自己不能更早地作出纠正错误的原因。也就是说，必须让众人在自己设置的情境里面只能作和你一样的选择。作为政治家的赫鲁晓夫，自然也深谙其理。

赫鲁晓夫拿起纸条，大声念了一遍上面的问题，然后望着台下说："这是谁写的纸条？请你马上站出来，走上台！"可是，没有人站出来，会场一片寂静，所有人都不知赫鲁晓夫要干什么。写纸条的人更是忐忑不安，懊悔不已，担心赫鲁晓夫会查到自己头上。赫鲁晓夫扫视了一下会场，又大声重复了一遍："请写纸条的人站出来！"几分钟过去了，还是没有人站出来。赫鲁晓夫终于又开口了，他平静地说："好吧，我来回答你的问题。我当时就坐在你现在坐的那个地方。"这个回答，其实是赫鲁晓夫利用如今的权势重现了当年他所处的环境，让身处其中的众人切切实实地体会了他的选择，并换了个角度告诉众人他的无可奈何，以此来让众人的思路跟着自己走。

这样的情况在日常生活中有很多，关键在于能否跳出思维的束缚，并让对方的思维跟着自己走。

周末的时候，妻子有事回娘家了，丈夫在家闲得无聊，便邀请了几个哥们来家里做客。由于大家好久没聚，所以见面后都非常高兴，就多喝了几杯，家里也变得乱七八糟，最后纷纷醉倒在床上。妻子从娘家办完事回来，发现自己家里一片狼藉，但是她为了顾及丈夫的面子并没有生气，只是心平气和地收拾残局。可是，等到丈夫的哥们都离开之后，妻子却和丈夫大吵起来。丈夫在万般无奈之下，高高地举起了手，妻子见状冷笑道："好啊，竟然要打我了，你打吧，这一巴掌打下去，你会后悔一辈子的。"本以为丈夫在妻子的激怒下，会打这一巴掌，可是此言一出，丈夫不仅放下了高高举起的手，反而赔笑着对妻子说："我这不是被你气的吗？哪能真打你啊！"

就这样，一场怒气冲天的"战争"被一句话化解了。妻子的做法，使得丈夫有意识地考虑了一下自己的行为，这样一来，妻子就掌握了主动权，丈夫也就只能妥协了。当然，这种情况说到底是为了避免自己受到不确定因素的威胁，而树立的一种防范意识。但恰恰就是因为这种防范意识使得我们可以让对方认同我们的思想，让他们跟我们走。

# 付出，未必因为有回报

我们常听到有人说，有付出就会有回报。可有时候换个角度想想，付出也未必是因为有回报才去付出。因为大多数时候，付出与回报是没有必然联系的。

我们从小接受的教育，时刻要求我们要做一个道德高尚的人，要培养自己良好的意志品质。助人为乐、无私奉献、先人后己……被强迫灌输进头脑里的概念有些已经转化成了行为，内化成了一个人的素养。但是，有些事如果能以一种平和的心态去思考自己的行为，你会发现，原来一件很微小的事情，也是可以给人带来温馨的，正所谓“赠人玫瑰，手留余香”。

一个小区里住着一个盲人，他的生活很有规律，每天晚上都会到楼下的花园里散步。可是，人们渐渐地发现了一件很奇怪的事。盲人每天虽然只能顺着墙慢慢地摸索前行，但是无论是上楼还是下楼，他都要按亮楼道里的灯。一个邻居好奇地问道："你的眼睛什么也看不见，为什么还要开灯呢？"盲人回答道："开灯能给别人上下楼带来方便，也会给我带来方便。"邻居感到很疑惑，于是接着问道："开灯能给别人带来方便，这可以理解，可是给你能带来什么方便呢？"盲人笑了笑，答道："开灯后，上下楼的人都会看得清楚些，这样就不会把我撞倒了。这不就给我方便了嘛。"邻居这才恍然大悟。

有时候，一个发自内心的小小善行、小小付出，也会造就大爱的人生舞台。记住别人对自己的帮助，时常怀着感恩之心，人生旅途才能晴空万里。

一天，一个贫穷的男孩为了能攒够学费正挨家挨户地推销商品。他劳累了一整天，感到十分饥饿，但摸遍全身，却只有一角钱。于是，他决定在下一户人家讨口饭吃。当他敲开门时，出现一位美丽的女孩，男孩却有点不知所措了。他没有要饭，只乞求给他一口水喝。女孩看着他一副很饥饿的样子，就转身进屋拿了一大杯牛奶给他。男孩接过牛奶喝完之后，问道："我应该付多少钱？"女孩道："一分钱也不用付，妈妈教导我们，要施以爱心，不图回报。"男孩说："那么，就请接受我由衷的感谢吧！"说完，男孩离开了这户人家。

数年之后，那位女孩得了一种罕见的重病，当地的医生都束手无策。最后，她只得转到大城市医治，由专家会诊治疗。而当年的那个男孩也参与了医治方案的制订，他如今已是大名鼎鼎的霍华德·凯利医生了。当他看到病历上所写的病人介绍时，他起身直奔病房。来到病房，凯利医生一眼就认出了床上躺着的病人正是那位曾帮助过他的恩人。他回到办公室，暗下决心一定要竭尽所能来治好恩人的病。从那天起，凯利医生就特别地关照这个病人。经过艰辛努力，手术终于成功了。凯利医生要求医院把医药费通知单送到他那里，他在通知单的旁边签了字。当医药费通知单送到这位特殊病人的手中时，她不敢看，因为她知道，治病的费用将会花光她的全部家当。可是，她还是鼓起勇气，翻开了医药费通知单，一行小字引起了她的注意，她不禁轻声读了出来：医药费：一满杯牛奶，霍华德·凯利医生。

或许冥冥之中一切都有安排，但女孩对凯利医生给予的一杯牛奶，并没有想着他日后能对自己有所回报。女孩只是一种单纯的付出。然而，就是这种单纯的付出，挽救了女孩的生命，也改变了凯利医生的命运。

受尔之恩，还报于尔，固然值得称赞，但如果能换个思维，将爱心回报的范围扩大化，那就能够突破狭隘的感恩思想的局限，从而使得我们的思想境界得到提升。

在美国得克萨斯州的一个风雪交加的夜晚，一位名叫克雷斯的年轻人由于汽车抛锚被困在了郊外。正当他万分焦急时，一位骑马的男子正巧经过这里。见状，这位男子二话没说便用自己的马帮克雷斯把汽车拉到了小镇上。事后，当克雷斯拿出不菲的美钞对他表示酬谢时，这位男子却说："这不需要回报，但我要你给我一个承诺。承诺当他人有困难的时候，你也会尽力帮助他人。"于是，在以后的日子里，克雷斯主动帮助了许多人，并且每次都没有忘记转述那句同样的话给所有他帮助过的人。许多年后的一天，克雷斯被突然暴发的洪水困在了一个孤岛上，一位勇敢的少年冒着被洪水吞噬的危险救了他。当克雷斯感谢少年时，少年竟然也说出了那句克雷斯曾说过无数次的话："这不需要回报，但我要你给我一个承诺……"

这里的"承诺"在一定程度上是在索要回报，但是，这个回报是站在他人的角度，以换位思考为前提所提出的。如果能够使得更多的人改变自己的思维，改变付出，就一定要有回报的狭隘思维，那这个"承诺"的回报是值得的。在生活中与人相处，很多人会常常忽略这一点，不关心他人，总是摆出一副别人与我毫不相关的面孔，自以为是地认为自己的认知是正确的。殊不知，这是一种被束缚住了的思维。

海子在他的《面朝大海，春暖花开》里说："从明天起，做一个幸福的人……陌生人，我也为你祝福，愿你有一个灿烂的前程，愿你有情人终成眷属，愿你在尘世获得幸福，我只愿面朝大海，春暖花开。”那么，就让我们从明天开始听好风长吟，看落叶知秋。给路边的乞讨者一块面包，给迷途的异乡人指路，用会心的微笑祝贺朋友的成功，倾听一个失落的人细语诉说……这些看似不经意的举动，其实都是一种付出。但这种付出，并不是因为回报，只是为他人多想了一点点而已。善于为他人思考，站在他人的角度上考虑问题的人，生活是不会亏待他的。这不仅仅是一种思维局限的突破，更是一种人生境界。无论是与谁相处，皆应如此。

# 向后一小步，向前一大步

向后一小步，向前一大步，其实是一种以退为进的逆向思维方式。在双方为同一件事情弄得面红耳赤或不愉快时，不妨采取以退为进的逆向思维方式，也许事情就会出现转机，这也是人与人之间相处的一种大智慧。

一位留美的计算机博士，毕业后想找一份与其博士学位相称的工作，可是在几经破折后，结果却很不尽如人意，几乎所有的公司都因为他没有工作经验而拒绝了他。博士屡次受挫后，就想着还是从最基本的职位做起。于是，他收起了所有的学历证明，以一种“最低身份”再去求职。很快，他就被一家公司录用为程序输入员，这对他来说虽是大材小用，但他仍干得一丝不苟，认真完成上司交给自己的每一项任务。刚进公司不久，经理就发现他能看出程序中的错误，非一般的程序输入员可比，这时他亮出学士证，于是经理给他换了个与大学毕业生对口的职位。他的工作更是如鱼得水，深得经理信任。又过了一段时间，经理发现他时常能提出许多独到且有价值的建议，远比一般的大学生要高明得多。这时，他又亮出了硕士证，于是经理又提升了他。没过多久，经理发现他提出的建议被采纳后，都会给公司带来很大的效益，经理觉得他与众不同，于是与他进行了一次深入的沟通。此时，他才拿出了博士证，经理对他的水平有了全面认识后，毫不犹豫地重用了他。

俗话说："让一分山高水长，退一步海阔天空。"生活中这样的事例不胜枚举，像故事中的博士一样，用自己的高学历去谋职位，不得聘用，那就暂时作罢，从最基层做起，事情反倒是迎刃而解。碰到一个陡坡，实在挺不过去，干脆停下来退一步，甚至几步歇息一下，然后调整调整，鼓足劲，再行冲刺，往往就能一蹴而就。

就好比足球场上双方球员之间的相互较量，以退为进的思维方式就足以显示出一支球队或是某个球员的战术。

偌大的足球场上，主攻球队无不使出全力想把球带过中场，伺机大脚一踢，或是用头顶球将球灌进球门；对方球队则会全力防守以防被攻进球门而失分。在一来一往的攻守过程中，有一个现象很有意思，那就是攻过中场的球队，假使遇到阻力时，大都会将球盘回后半场，然后伺机再次发动攻击。换句话说，进攻的球员会采取“以退为进”的策略，配合全体队友的默契，把球传给自己的队员，以达到射门成功的目的。可如果进攻的球员在带球过中场时，遇有对方球员严密防守仍然硬闯，那大都会无功而返。有时还会被对方球员拿到控球权，甚至因攻守异位而失去优势。

这种在球场上以退为进的竞技手法，非常普遍，有时也是整个球队制胜的关键策略与技巧。不但在运动场上需要这种灵活的思维方式，人生遇到类似的情况，也可无须一味地勇往直前而让自己伤痕累累。有时向后一小步，就可以实现向前一大步，从而收到事半功倍的效果。

有一年，在比利时某画廊发生了一件这样的事：美国画商看中了印度人带来的三幅画，其标价为250美元，画商不愿出此高价钱，可是双方经过唇枪舌剑，谁也不肯退步，谈判陷入了僵局。甚至引得印度人恼火，怒气冲冲地当着美国人的面把其中一幅画烧了。美国人看到这么好的画烧了，感到十分可惜。可他还是想买剩下的两幅画。于是，他问印度人剩下的两幅画愿卖多少钱，印度人回答还是250美元。美国画商一听，就拒绝了此价格。印度人见美国画商毫不松口，又拒绝这个价格，把心一横，又烧掉了其中一幅画。美国画商见状，只好乞求他千万别再烧这最后一幅。当他再次询问印度人卖多少钱时，印度人说道："最后一幅画能与三幅画是一样的价钱吗？"最终，印度人手中的最后一幅画竟以600美元的价格拍板成交。

当时，其他画的价格都在100～150美元，而印度人这幅画却能卖得如此之高，原因何在？首先，印度人烧掉两幅画以吸引美国画商，便是采用了"以退为进"的战略；其次，印度人有恃无恐，他知道自己出售的三幅画都是出自名家之手，很是珍贵；最后，印度人烧掉了其中两幅，剩下了最后一幅画，就是摸准了美国画商肯定喜欢收藏古董名画的心理，，只要他爱上这幅画，就不肯轻易放弃，宁肯出高价也要收买珍藏最终达到让他跟着自己的思路走的目的。

鲁迅先生曾经讲过这样一段话，他说：对思想保守顽固的人，你如果提出要在他房间的墙上开一个窗户，无论你举出多少理由，他也是不会答应的。而你如果先提出要在房顶上开一个洞，当遭到他的反对以后，这时你再退而求其次，提出只要求在墙上开一个窗户，那么他就欣然接受了。

在与人交往的时候，不妨学会逆向思考，懂得向后一小步、向前一大步的思维方式，有时以退为进才能够取得圆满。

# 以“理所当然”去理解他人

人际关系学大师卡耐基有一句名言：“我可以理解你的看法，因为如果我是你的话，我一定也会有相同的感受。”人们寻求他人的理解，就好像花儿渴望阳光那样迫切。无论是寻求他人帮助还是与人交往，理解他人和向他们传达自己的理解，都有着极大的意义。可当我们偏向自私的思维形成定式时，就很难从对方的角度思考问题，很难做到替他人考虑，这就避免不了矛盾的产生。如果我们能够换一种思维方式思考问题，也许自己的想法就会得到对方的理解。

一名店主在门上贴了一个广告，上面写着“出售小狗”。这则信息吸引了孩子们，其中就有一名小男孩走进了店里。“小狗卖多少钱呢？”他问道。“30美元至50美元不等。”小男孩从口袋掏出了一些零钱：“我有2.37美元，请允许我看看它们好吗？”店主笑了笑，吹了声口哨，一名负责管理狗舍的女士便跑了出来，她身后跟着5只毛茸茸的小狗，其中有一只小狗远远地落在了后面。小男孩立即发现了落在后面的小狗，它一瘸一拐的。“那小狗有什么毛病吗？”店主解释说：“这只小狗没有臀骨臼，所以它只能一瘸一拐地走路。”小男孩说：“就是这只小狗，我要买它。”店主说：“你用不着花钱，如果你真的想要的话，我就把它送给你了。”小男孩十分生气，瞪了店主一眼说，“我不需要你把它送给我，这只小狗和其他狗的价值应该是一样的，我会付你全价的。我现在就要付2.37美元，以后每月付50美分，直到付完为止。”店主劝说道：“你真的用不着买这只小狗，它根本不可能像其他小狗那样又蹦又跳地陪你玩。”

听了这话，小男孩弯下腰，卷起裤腿，露出了一条严重畸形的腿。原来，小男孩的左腿是瘸的，靠一个大大的金属支架撑着。小男孩轻声说：“嗯，我自己也跑不好，这只小狗需要有一个能理解它的人。”

任何一种结果、任何一种行为、任何一种境界都有一定的道理，我们要学会以“理所当然”的心态来理解一切。当认识到“理所当然”时，我们就能理解他人，同样也就能换取他人的理解。

有一位人格心理学教授在给自己的学生上课的时候，给他们讲了这样一个故事：

国王亚瑟被俘后，本应该被处死刑，但对方国王见他年轻乐观，很是欣赏。于是，对方国王就要求亚瑟回答一个十分难以回答的问题，并许诺，如果在规定的时间内答出来，亚瑟就可以得到自由。这个问题就是：“女人真正想要的是什么？”亚瑟开始向身边的每个人征求答案，其中不乏公主、牧师、智者……结果没有一个人能给他满意的回答。这时，有人告诉亚瑟，郊外的阴森城堡里住着一个女巫，据说她无所不知，唯有一点就是收费高昂，要求离奇。眼看着期限马上就到了，亚瑟别无选择，只好去找女巫。女巫果然能够回答他的问题，但提出要和亚瑟最高贵的圆桌武士之一，他最亲近的朋友加温结婚。亚瑟惊骇极了，他看着驼背、丑陋不堪，只有一颗牙齿，身上散发着臭水沟般难闻气味的女巫，再想到高大英俊、诚实善良、最勇敢的武士加温。亚瑟果断拒绝了女巫的要求。加温知道这个消息后，对亚瑟说：“我愿意娶她，为了你和我们的国家。”于是，婚礼被公之于世。女巫遵守承诺回答了问题：“女人真正想要的，是主宰自己的命运。”亚瑟自由了。女巫和加温也举行了婚礼。

新婚之夜，加温不顾众人劝阻坚持走进新房，准备面对一切。然而，一个从未见过的绝世美女却出现在新房内，女巫说：“我在一天的时间里，一半是丑陋的女巫，一半是倾城的美女。加温，你想我白天或是夜晚是哪一面呢？”

当人格心理学教授话音一落，学生们先是静默，继而开始热烈的讨论，答案也是五花八门。不过，归纳起来答案有两种：一种是白天是女巫，夜晚是美女，因为老婆是自己的，不必爱慕虚荣；另一种是白天是美女，夜晚是女巫，因为白天可以得到别人羡慕的目光，而晚上回到家，美丑却无所谓。

教授没有发表自己的意见，只说这故事是有结局的，加温作出了选择。加温回答道：“既然你说女人真正想要的是主宰自己的命运，那么就由你自己决定吧！”女巫终于热泪盈眶：“我选择白天夜晚都是美丽的女人，因为只有你选择理解我，我爱你！”学生们都沉默了，因为没有一个人作出加温的选择。

其实，我们有时候是很自私的，总自以为是地以自己的喜好去主宰别人的生活，却没有站在他人的角度去理解他人。

从心理学角度来说，理解的要点在于懂得换位思考，从他人的角度来体会对方的感受。同时，还应设身处地地进行角色互换，想他人之所想。

# 先知彼，再知己

当你要去新的公司应聘时、当你要去参加一场比赛时、当你代表公司参加竞标时……就要与对手进行交锋。我们常说“不打无准备之仗”，其实就是告诉我们在与人“对战”之前，要做好充分的准备，对“敌人”做到了如指掌，然后再去考虑应对措施，才能取得“战斗”的胜利。换句话说，就是运用逆向思维，先知彼，再知己，最后站在全局的角度去看待问题，并使之得到圆满解决。

对生死相敌的对手，运用先知彼、再知己的原则更为重要。伟大的斗士都是不会随便轻视他的对手的。要做到“知彼”，最好的方法莫过于站在对方的立场上来看问题。很多人失败的一个重要原因，就是他们从来都不懂得站在对方的立场上看问题，没有做到“知彼”。

有一次，柏拉图对老师苏格拉底说：“我觉得东格拉底这人不怎么样。”苏格拉底不明白柏拉图为何这样说，就问他缘由，柏拉图却说：“他总是挑剔您的学说，并且不喜欢您的扁鼻子。”苏格拉底一听笑了，说道：“可我倒觉得他这个人很不错。他对母亲很孝顺，每天照顾得都很周到；他对老师很尊敬，从来没有对老师有不尊敬的行为；他对朋友很真诚，常常当面指出他们的缺点，帮助改正；他对孩子很友善，经常和孩子们一起做游戏；他对穷人富有同情心和怜悯心，有一次我亲眼看见他把身上最后一个铜板送给了乞丐……”“可是他对您却不那么尊敬呀！”柏拉图说。“孩子，问题就在这里。”苏格拉底站起身来，抚摸着柏拉图的肩头，说：“一个人如果只站在自己的立场看待别人，常常会把别人看错。所以我看人从来不看他对待我如何，而是看他对待别人如何。”

站在对方的立场考虑问题，你会发现，先知彼，有时候远比知己要重要得多。创建松下电器公司的松下幸之助先生，在做生意的过程中，总结出了一条重要的人生经验，即用逆向思维，换个位置，站在对方的立场看问题。

人与人在交往的时候，总会出现许多分歧。松下幸之助总希望能缩短与对方沟通的时间，提高会谈的效率，但却一直因为双方存在不同意见而浪费掉了大量时间。直到23岁那年，有人给松下幸之助讲了一则《犯人的权利》的故事，他才从中领悟到一条人生哲理。凭借这条哲理，他与合作伙伴的谈判顺利多了，并且还和这些合作伙伴成了朋友。后来，松下电器公司的发展也越来越大。于是，就有人想要知道《犯人的权利》到底是什么故事。

其实，故事是这样的：

某个犯人因犯事严重被单独监禁。看押他的人不想让他有自杀的机会，便拿走了他的鞋带和腰带，要留着他，以后有用。犯人左手提着裤子，在牢房里无精打采地走来走去。从铁门下面塞进来的食物都是些残羹剩饭，他拒绝吃饭。但是他喜欢吸烟，现在他嗅到了香烟的特有香味。透过小窗，他看到一个卫兵正坐在那里美滋滋地吞云吐雾。他很想抽一支，于是，他用右手指关节客气地敲了敲门。卫兵懒散地过来问他要做什么。囚犯说："对不起，请给我一支烟……就是你抽的那种。"卫兵嘲讽地看了囚犯一眼，鄙夷地"哼"了一声，就转身离开了。囚犯认为自己有选择权，他愿意冒险检验一下他的判断，所以他又用右手指关节敲了敲门。这一次，他的态度是威严的。那个卫兵吐出一口烟雾，恼怒地扭过头，问道："你又想要什么？"囚犯回答道："对不起，请你马上给我一支你的香烟。否则，我就用头去撞墙，直到撞晕为止。如果我醒来，我就发誓说这是你干的。当然，他们肯定不会相信我的话，但是我想你必须得出席每一次的听证会，向听证会委员们证明你是无辜的。不仅如此，你还必须填写一式三份的报告，以及这一事件给你带来的麻烦。其实，这所有的麻烦，一支香烟就能解决。就一支香烟，我保证再不给你添任何麻烦了。”

最后，这个卫兵给了囚犯一支香烟，因为他明白事情的利弊得失。而囚犯也正是看穿了卫兵的立场和禁忌，或者弱点，因此才能满足自己的要求——获得一支香烟。

松下幸之助先生听过这个故事后，立刻联想到了自己。如果我先知彼，站在对方的立场看问题，然后再知己，那就可以使得双方的利益最大化，从而实现双赢。后来松下电器公司的发展，就证明了松下幸之助的这一思维方式是十分正确的。

这也就告诉我们，只有站在对方的立场来看问题，才能把问题看得更加深入，才不会被事物的表面现象所蒙蔽，才能变被动为主动。

很多人在自己打算创业时，很可能会把焦点放在自己想卖什么，或者生产什么方面来思考，这其实是大多数创业者的一种惯性思维。如果你想创业成功，那就应该在做好市场调查的前提下，考虑消费群体需要什么，喜欢什么，从而就可以站在消费群体的角度去考虑问题，你的创业才有可能获得成功。这就好比你希望老板给你加薪一样，与其告诉老板你多辛苦、做多少事或生活的困境，倒不如多去了解一下老板真正关心的是什么，然后想办法提高工作效率，提升工作业绩，这样就算你不说，老板也会主动为你加薪。当然，要想站在对方的立场看待问题，并不是件容易的事，不仅要善于倾听，察言观色，还要善于了解对方的潜在意识和内心的真实想法，才能在自己做任何事情的时候立于不败之地。

当然，也有很多人不懂得如何运用先知彼、再知己的原则，不懂得改变自己的思维方式，只是一味地遵循自以为正确的思维方式，埋头苦干，到头来肯定是白忙活一场。

# Chapter 4

# 逆向思维掌控术

——逆向可以使说服更有效

# 逆向掌控术

当我们要让对方听从自己的安排时，往往习惯于正面说服，这一方式虽简单直接，可结果却收效甚微。毕竟，想要通过动之以情、晓之以理让对方接受自己的思想，认可自己的思维方式，是一个很困难的过程。可是，如果我们能试着运用逆向思维，或许就能让对方心甘情愿地听从你的安排。

有一位退休老人特别喜欢安静，于是就在学校附近租了一间房子。起初的几个星期的确很安静，老人住得也顺心，觉得自己终于找到了一个好的住处。可是，有一天放学后，有三个学生来附近玩耍，他们把垃圾桶当球踢，叮叮当当的声音特别刺耳，三个学生却玩得不亦乐乎。老人听着让人受不了的噪声，觉得心脏似乎都要跳出来了。老人终于受不了了，就出去跟这三个学生进行谈判，可是老人并没有直接提出不让他们踢垃圾桶。老人给他们建议："看见你们玩得这样高兴，我看着也特别开心。如果你们每天都来这，那我将每天给你们每人一元钱作为报酬。"三个学生同意了老人的建议，每天都很卖力地表演。三天后，老人忧愁地说："我最近收入减少了很多，我得开始减少开支，所以，从明天开始，只能给你们每人五角钱了。"三个学生显得很不开心，但是想到五毛钱也是白给，自己又没损失什么，还是接受了，像往常那样每天继续踢垃圾桶。一周后，老人对他们说："我最近没有收到养老金支票，对不起，每天只能给你们两毛钱了。"这下，三个学生不干了，纷纷说："我们才不会为了区区两毛钱，浪费宝贵的时间在这里表演。"从此以后，三个学生再也没有来踢过垃圾桶，老人的生活又恢复安静了。

如果老人一开始就制止三个学生踢垃圾桶，三个学生不但不会听从老人的劝阻，还有可能会变本加厉，那样的结果无疑会令老人更加苦不堪言。可是，老人并没有那样做，而是运用逆向思维，自己掌控了局面，让学生自愿不再来踢垃圾桶。显然，这种逆向思维的方法所体现出来的效果更显著。

生活中，我们经常试图去说服他人，想让他人认同自己的观点和想法，从而实现自己的目的。大到谈判桌上的唇枪舌剑，小到商场里的讨价还价，都需要去说服他人，而说服最有效的工具就是逆向思维。

法国有一位患癔症的太太，屡次到医院看病，反复说自己吞了一只青蛙，腹中难受至极，非让医生想办法把青蛙弄出来不可。面对这位难缠的太太，医生们束手无策。他们用尽了一切办法，也没能让这位太太相信自己没有吞青蛙的疑虑，她依然两三天就跑一趟医院。法国临床内科医师克鲁斯为此也伤透了脑筋，因为无论如何解释，这位太太就是认定有一只青蛙在自己的肚子里作怪。有一次，他去看魔术表演，当演员从花篮里变出一只鸽子的时候，他突然受到启发，想出了给那位太太治病的办法。这天，这位太太又来看病，克鲁斯把事先抓的一只青蛙藏在身上，然后他告诉病人，这次一定会治好她的病，但要求这位太太一定要密切配合自己。听说能治好自己的病，这位太太很高兴，表示自己一定会配合。于是，克鲁斯给这位太太喝了催吐剂，告诉她这是一种专门治疗吞下青蛙的特效药。催吐剂喝下去之后，这位太太开始呕吐，克鲁斯趁她不注意的时候，把事先藏在身上的青蛙放在了盒子里，然后对这位太太说："太太，您看，这只青蛙终于吐出来了，折磨您的病，现在没事了。您的病全好了。"看着盒子里的青蛙，这位太太喜极而泣，她神情激动，说着感谢医生的话，还说青蛙被吐出来之后，肚子也不疼了，从来没有感觉到这样轻松。

不得不承认，对于同一个问题，只是改变了一下思维方式，就可以轻而易举地解决问题。可生活中绝大多数人都习惯于用正向思维来考虑问题，日复一日就逐渐形成了牢固的思维定式。如果我们想改变，那就先得改变我们固有的思维模式，去不断地尝试新的思维模式。

# “得寸进尺”的说服方式

能成功地说服他人，让他人按自己的意愿行事，不仅是人与人沟通能力的体现，更是一个人的思维方式区别于他人的思维方式的体现。换句话说，要想让他人听从自己的安排，就需要自己以与众不同的思维方式去说服他人。所以，当我们要说服一个人时，不妨尝试着运用逆向思维，先提出小要求，再逐渐加大要求力度，运用“得寸是尺”的方式进行说服。

有一位加拿大心理学家曾在多伦多给市民做了一个“是否愿意为癌症学会捐款”的调查。调查发现：直接要求市民为癌症学会捐款，说服的成功比例仅为46%；可将这个要求拆分开进行，前一天先请市民佩戴一个宣传纪念章，并向他们阐明癌症患者的苦楚；第二天再提出要求，请他们为癌症学会捐款，愿意捐款的比例竟是直接要求捐款的一倍。由此可见，逐步提出要求比直接提出一个大的要求的成功率要高。也可以理解为，用逆向思维解决问题要比用正向思维更加有效。

有这样一个故事：

在一个风雨交加的午后，一位衣着褴褛、饥寒交迫的流浪汉来到了一座庄园门口，他对看门的仆人说："求求你，让我进去吧，我的衣服全被淋湿了，我只要在你们的火炉上烤干衣服就行了。"看着流浪汉可怜的样子，仆人心生怜悯，觉得这并不需要耗费什么，于是就让他进去了。当流浪汉把衣服烤干之后，就请求厨娘借给他一个锅，他说他要用这个锅煮点石头汤喝。厨娘一听流浪汉要煮石头汤，很是好奇石头如何煮汤。于是，她就答应了流浪汉的请求。只见流浪汉在路边捡了一块石头，冲洗干净之后就放在锅里煮起来。过了一会儿，流浪汉说："这汤要是没有盐一定不好喝，请给我一点盐吧。"厨娘想看看他的汤能不能喝，就给了他一点盐。又煮了一个小时，流浪汉说："石头快煮到火候了，现在要是加一点牛肉丁，味道就更好了。"厨娘看了他一眼，但还是答应了流浪汉的要求。不一会儿，锅里果然飘出了牛肉的香味。又过了一会儿，流浪汉又说："如果还想让这石头汤更美妙一点，不妨再加点洋葱丁。"厨娘想着，只是一点点洋葱丁而已，更何况之前都答应了，还是好人做到底吧。于是，厨娘又照办了。不仅如此，流浪汉后来还一点点地要来了西红柿、胡椒粉和鸡粉等，而厨娘都没有拒绝。终于，这锅石头汤煮好了。只见流浪汉把锅里的石头捞出来放在一旁，美美地喝了一锅热气腾腾的牛肉汤。当然，流浪汉没有忘记邀请仆人和厨娘一起品尝。

我们可以做一个假设，如果这个流浪汉从一开始就对仆人说：“行行好吧，我太饿了，请给我一锅肉汤。”那会是怎样的结果呢？答案可想而知，流浪汉肯定会一无所获，因为没有人会无缘无故的答应你的要求。可是，流浪汉并没有这样做，而是先提出较小的要求，别人同意后，再增加要求的分量，最终达到了目标。这里的流浪汉其实用了一个著名的效应，即门槛效应，也称作“得寸进尺”效应。换句话说，流浪汉用“得寸进尺”说服了厨娘，实现了自己的目的。

林肯在斯普林菲尔德担任律师期间，有一天，他步行到城里去，一辆汽车正好从他身后开来。于是，他喊住驾驶员，问能不能行个方便，替他把一件大衣捎到城里去。驾驶员想了想，回答说：“有什么不可能呢？这本是件举手之劳的事。可是我怎么让你重新拿到大衣呢？”“哦，这个很简单，我打算裹到大衣里头。”就是这种简单的“得寸进尺”的说服方式，体现出了逆向思维的不简单。

人们之所以认为说服他人是一件困难的事，一方面，是因为人们心理上的胆怯；另一方面，则是因为固有思维模式的束缚。只要能够解决这两个方面的问题，说服他人的概率就会增加许多。

澳大利亚墨尔本的一名女记者帕兰想采访一位权威人士，请他就海洋动物保护问题作15分钟的广播讲话。可是这位权威人士非常繁忙，曾经拒绝过很多记者，如果自己直接提出占用他15分钟的时间，那采访可能会被拒绝。于是，帕兰想了一个主意，给这位权威人士打了一个电话，她在电话里是这样说的："在百忙之中打搅您，很过意不去，我们想请您就海洋动物保护问题进行讲话，大概只需要三分钟就够了。听说您日常安排很有规律，每天下午4点都会走出工作室，到外面散步，如果您允许，我想在今天下午的这个时候去拜访您。"这位权威人士接受了帕兰的这个请求。采访于下午4点准时开始，可是当她告别时，时间却过去了20分钟。帕兰出色地完成了任务，20分钟的录音，编制为15分钟的广播讲话已经足够了。

日常生活中有很多这种"得寸进尺"的例子。只要懂得运用，懂得适时改变自己的思维方式，懂得逆向思考，就能实现自己的目标。

# 激将型思维

俗话说："请将不如激将。"说的其实就是激将法。所谓激将法，就是利用他人的自尊心和逆反心理积极的一面，以"刺激"的方式，激起对方不服输的情绪，将其潜能发挥出来，从而得到不同寻常的说服效果的一种方法。通俗来讲，就是通过逆向手段，让对方进入激动状态，使其接受自己的建议，从而实现某一目的。当然，这个过程需要他人心甘情愿地按照自己的意愿去办事。不仅如此，还需满足两个方面的要求：一是利益的割舍；二是能够让他人足够地喜欢你、欣赏你、相信你，并且愿意帮助你。

激将法其实也是一种思维方式的体现，既要在适当的时间使用，也要掌握分寸，不能过急，也不能过缓。过急，欲速则不达；过缓，对方则无动于衷，无法激起对方的自尊心，自然也就达不到目的。这种激将方式，既可用于己，也可用于友，还可用于敌。用于己时，在于调动己方的激情。用于友时，在于坚定盟友的决心。用于敌时，在于激怒敌人，使之丧失理智，作出错误的举措，给己方以可乘之机。

美国黑人富豪约翰逊决定在芝加哥为公司总部兴建一座办公大楼。但问题是资金有限，于是他就想到银行贷款，可在出入数家银行后，始终没有贷到一笔款。约翰逊决定“先上马后加鞭”，他将自己的200万美元凑集起来，聘请了一位承包商，要他放手建造。工程持续施工，直到所剩的钱仅够再维持一个星期的时候，约翰逊找到了大都会人寿保险公司的一个主管，并约在纽约市一家餐厅一起吃晚饭。用餐结束后，约翰逊拿出经常带在身边的一张蓝图准备摊在餐桌上，保险公司主管对约翰逊说：“这儿我们不便谈，明天你到我的办公室来，我们再说。”约翰逊觉得贷款很有希望，他顿了顿，接着说：“好极了。唯一的问题是今天我就需要得到贷款的承诺。”“你一定是在开玩笑，我们从来没有在一天之内给过客户这样的贷款承诺。”保险公司主管答道。约翰逊把椅子拉近，说道：“你是这个部门的主管。也许你应该试试自己有没有足够的能力在一天之内办妥这件事。”主管微笑着说：“你这是逼我啊。不过，我还真有兴趣试一试。”第二天，约翰逊就拿到了贷款。

由此可见，运用激将法的思维务必找准对方的要害，并一击中的。

我们每个人都处在错综复杂的人际关系中，只有熟悉和了解了他人的情感习惯和是非标准，了解了他人在社会关系网中的特点，才能够机动灵活地利用暗示或者激励的心理导向，促使他人按照自己的想法作出有利于自己的决策。

一位先生陪太太逛商场，他们来到了专卖服装的柜台。服装销售员看到两人，急忙上前打招呼："这位姐姐，请问您需要什么呢？""我就随便看看，你忙你的吧。"太太随口说道。"姐姐您看，这是我们专柜刚到的新货，是今年最流行的款式……"太太看了看，没说什么又到别处转了。销售员看这位太太似乎没什么兴趣，转而问先生："请问您需要什么呢？""哦，我陪我老婆来的。""现在愿意陪老婆逛街的男人真不多了，真羡慕你们夫妻。您太太真漂亮，气质也很出众，再加上您给她做参谋，买的衣服一定会非常合适。"销售员一边跟先生攀谈，一边注意着太太的动向。当她看见太太正在一件衣服前徘徊时，马上走过去取下衣服说："姐姐您真有眼光，这件衣服在我们这儿卖得特别好，很适合您这样的身材，您先穿着试试看吧，效果一定特别棒。"太太没有反对，拿着衣服就去了试衣间。果然，太太出来之后让人眼前一亮，她在镜子面前看了又看，很是满意。但是当她问了价格之后有些犹豫。旁边的先生一直没有说话，销售员见状，立马转身对先生说："先生，您也看出来了，您太太穿上这件衣服非常漂亮，她也很喜欢，可是她有些犹豫不决。这个时候作为丈夫，您该为妻子拿主意啊！"先生笑着摆摆手说："还是让我太太自己拿主意吧，买不买她自己决定。"销售员捂嘴偷笑说："原来先生您也是'妻管严'啊，全听老婆的，真是好丈夫。不过话说回来，我听说男子汉大丈夫，对心爱的女人喜欢的东西，会毫不犹豫地去满足她，这样会让女人更死心塌地。"听到销售员这么说，先生脸上有点儿挂不住了，他走过去对太太说："要是喜欢就买下吧，不用在乎那几十块钱的差价。"太太没有吭声。先生转身对销售员说："小姐，把衣服给我们包起来吧，谢谢。"夫妻俩到收银台付了钱，高高兴兴地离开了。

不难看出，这个销售员对这位先生用了激将法，她准确地拿捏住了夫妻二人的心理。妻子有些犹豫不决，但明显很喜欢这件衣服，只是觉得价钱贵。销售员这个时候并没有一味地推销，而是从丈夫那里下功夫，并且在和丈夫攀谈的过程中，顺着丈夫的话往下说，在不伤害其自尊的前提下，用逆向思维让丈夫来说服妻子。显然，这一方法很是有效。妻子最终买下了那件衣服。

其实，无论是在生活中还是工作中，如果能善于引导他人的“逆反心理”，运用自己的逆向思维，能够促使对方同意自己的观点，那这种思维方式就是有效的。例如，上下级之间，如果领导对有能力，但工作不够卖力的下属说：“这件事情难度很大，虽然我知道你很有才华和能力，但要不要接受这个挑战，你自己慎重考虑啊！”领导的这种言辞，在很大程度上会对下属产生一定的刺激，促使其用尽浑身解数积极主动地投入工作中，以期出色地完成此项任务。这种方法往往比正面请将出马效果更为理想。

# 正话反说

生活中，正话反说很是常见，因为有时直接劝说的效果并不一定很好，反而把话反着来说，往往能达到目的。正话反说，说到底也是利用了逆反思维的技巧之一。我们知道，人们的语言表达有着一定程度的定式习惯，但是在某种特殊情况下，人们出于达成目的的需要，会打破定式习惯的约束，反其道而行之。

有一个事业单位，领导让下属做一个戒烟的宣传，下属在文字中只字不提吸烟的害处，却列出了吸烟的四大好处：一是省布料。因为吸烟易患肺痨，导致驼背、身体萎缩等，所以做衣服就不需要用那么多布料了；二是可防贼。抽烟的人通常患有气管炎，总是通宵咳嗽不止，贼以为主人未睡，便不敢行窃；三是可防蚊。浓烈的烟雾味熏得蚊子受不了，只得远远地离开；四是可永葆青春。经常吸烟的人，不等年老便可去世。正话反说的戒烟宣传一经发出，诙谐幽默的语言吸引了单位里很多人的关注，吸烟的情况也有所改善，效果也比正面宣传戒烟更加明显。

总而言之，正话反说，就是在表达某种意思或说明某个问题时，不从正面出发，而从反处着眼，用与本意相反的词语或事物来表达本意的一种思维方式。

美国作家艾尔玛·邦贝克的《父亲的爱》，就是运用正话反说的写作方法的范例。在文中，作者数落了父亲的诸多“不是”：发现我偷糖果后，责令我送回去，并要求我替卖糖的拆箱卸货作为赔偿；我荡秋千跌断了腿，在前往医院的途中一直抱着我的是妈妈；在生日会上，父亲显得有些不大相称，只是忙于吹气球，布置餐桌；我念大学时，父亲除了寄支票外，寄的一封短信却说因为我没有在草坪上踢足球，所以他的草坪长得很美；每次我打电话回家，他似乎都想跟我说话，但又总是妈妈来接；我结婚时父亲只会大声擤鼻子；我从小到大都是听他说一些不太中听的话。在这篇文章中，作者处处拿母亲的“好”与父亲的“坏”对比，处处表现对父亲的不满，又处处使读者对父亲产生了敬意。正是这种正话反说，达到了意想不到的效果。

其实，老师在管教学生的时候，也会采取这种正话反说的思维方式。有些老师对学生的严格程度可能会超出家长和学生本人的想象，时间一长，学生就会埋怨，甚至怨恨老师。要想解决学生的这种负面情绪，除了老师作出一定的改变外，家长对孩子的疏导也是很重要的。可是，正面的说理会使学生的怨恨加深，认为家长一点也不在意自己的感受，无论自己做得对或错，家长都会批评自己，这种想法在心里扎根之后，就会产生逆反心理。如果你反其道而行，对孩子不说教，而是跟他做一个角色扮演的游戏，让他亲身体验老师的不易，收到的效果肯定会更好。

生活中，以正话反说的思维方式解决问题的例子不胜枚举。就好比下面的这个例子，就让我们看到了正话反说的魅力。

2005年，一个叫作“吃垮必胜客”的帖子在网络上疯传。该帖的“幕后黑手”在网络上表示对其一款高价的水果沙拉不满，引发了人们的冲动——把我们的钱吃回来。帖子还提供了多种提高盘量的盛法，核心是打造盘上的“沙拉金字塔”。此帖一出，不管是吃过心里有气的，还是没吃过好奇的，大家都你来我往地积极参与互动，网络上一时之间竟掀起了多种“沙拉金字塔”打造攻略图。结果可以想象，随着帖子点击率的急速飙升，必胜客也招架不住了，撤销了这款水果沙拉。当然，这样一个正话反说的“反消费”也给必胜客成功积聚了人气。

但是，有一点值得注意的是，正话反说的思维方式虽能产生特殊的效果，但需让人不反感，在一件事中，最多只能用一次。所以要懂得适可而止，过分地正话反说，也会让人反感。

# 让别人自己说服自己

劝说一个想要辍学的孩子上学，可能会动之以情、晓之以理地阐述上学的重要性；劝一位顾客买下自己推销的产品，可能会大肆宣扬产品的优点；劝妻子同意自己的购买计划，可能会说很多该物品的好处……其实，无论通过什么方法劝说，目的只有一个，那就是让对方自己说服自己。换句话说，与其试图去说服对方，让他猜测你的意图，倒不如告诉对方必要的某些条件，让对方自己说服自己。

有这样一则故事：

有一位公主生病了，吵闹着非要她的父王把天上的月亮摘下来送给她。于是，国王请大臣们一起商议，可是谁都无计可施，因为谁也不可能把月亮摘下来。正当大家一筹莫展时，一位大臣对国王建议道：“我们为什么不去问问公主要什么样的月亮呢？”于是，国王让他去问公主的要求。大臣先是答应公主一定会满足她想要月亮的愿望。只听大臣问道：“公主您要的月亮到底有多大？离我们有多远？是用什么做的？”这时公主回答说：“月亮和我的手指甲一样大，像挂在树梢上一样高，而且是用银子做成的。”大臣听了公主的回答，觉得公主的愿望很容易满足。于是，他让珠宝匠用银子给公主做了一个月亮，并穿在项链上，让公主戴在胸前。公主果然很高兴，病一下子就好了。可是国王还是忧心忡忡，因为到了晚上，月亮会出来，公主就会觉得自己被欺骗了。于是，国王急忙又请来大臣商议，大臣说：“我们还是去问问公主吧。”于是，大臣又去找了公主。此时正好已经到了晚上，公主正望着窗外，手里拿着大臣送给她的小月亮。大臣故作不解地问道：“公主，月亮不是挂在你胸前了吗？怎么又在天上出现了呢？”没想到公主“扑哧”一下笑了：“你这真是个傻问题，我掉了一颗牙，在原来的地方不是还会长出一颗新牙齿来吗？当一只壁虎失去它的尾巴，不是还会长出新的尾巴来吗？”大臣立刻显出恍然大悟的样子。公主又十分得意地告诉大臣，月亮也是这样的。

有时我们面对对方的疑问和拒绝，不必正面去做解释，可以绕个弯儿，反问几个问题让对方来回答，然后再让对方解答自己以前所提的问题，这种方法，简单来说就是让对方自己说服自己。如果对方的回答否定了他自己的疑问，就等于让他自己说服了自己。反之，则意味着被我们说服，目的同样达到了。

在劝说客户签订合约时，采取让对方自己说服自己的方式同样很有效。

芳芳是一位广告策划公司的业务员，她在与客户交流时，总是能够做到有意识地引导客户自己去说服自己。一次，她为客户做了一份策划方案，在向客户介绍时，芳芳说道："张总，策划方案您也看过了，有什么意见呢？""不错，不过有些细节问题还需要再完善一下。"张总这样说。"意思是您同意我们提供的策划方案了？"芳芳马上从对方认可的角度展开话题，而且成功地避开对方有异议的观点。张总说："差不多了，但你能否具体解释一下接下来如何实施这份方案呢？"这时，芳芳巧妙地转移话题，突出自己公司的优势："您放心，这是我们公司高级设计师结合贵公司的实际量身定做的，一定能够提高贵公司的名气和影响力。"张总说："我想，那是毫无疑问的。"借客户肯定回答之机，芳芳马上转向合约的敲定，于是继续说："如果按照我们的方案进行试验，并且对试验结果感到满意，下一步是不是就可以签订合约了？"张总自然是没有表现出异议。就这样，在芳芳的引导之下，客户自己先说服了自己。芳芳也实现了自己的目的，成功与客户签订了合约。

事实证明，只有引导客户作出肯定性的答复，使客户一步步地认可产品，才能逐渐促使客户下决心购买。试想，如果你每提一个问题，对方都是以“不能”“不行”等否定词来回答，那这场谈话很有可能就无法进行下去。因此，在与客户沟通时，销售人员应该根据对对方的了解，主动掌握对方的思维方式，多提一些需要对方做肯定回答的问题，以此来获得客户的肯定，增强客户对自己的好感。这在无形中就让客户自己说服了自己。这样的方法同样适用于其他方面，但需要注意两点，才能使这种思维方式更加有效。

第一，需要创造良好的相处氛围。

很多时候，要说服他人，就会引起他人对我们一定的偏见，甚至是抱有各种猜疑、防备的心理，这种情况在一定程度上也会影响说服的效果。如果对方对你有很强的戒备之心，那想要获得对方的承诺是非常困难的。此时，就需要在与对方交流时努力创造一种热情友好、轻松愉快的交流气氛，以此来加强交流沟通。从而消除对方的猜疑、警惕、紧张心理，让对方的思维发生改变。

第二，需要控制自己的情绪。

如果对方固执己见，那就会使谈话陷入僵局，双方为了顾及面子可能彼此都不会作出任何让步。这个时候，控制好自己的情绪就显得至关重要了。因为任何一种负面情绪的流露都有可能让对方占据主动，进而造成说服的失败。

心理学研究发现，人们在生活中会呈现出一种自我意识肯定的人性基本特征，并将其称为自我认可原则。这个原则可以简单地概括为，只要是一个健康的人，他所体现出的任何行为，都是为了他自己的目的服务的。

约翰是长岛的一个旧汽车商，有一天，他的店里来了一对年轻的夫妇，在他向这对夫妇推荐了好多车、费尽了口舌后，这对夫妇依然对每辆车都能找出毛病。最后，这对夫妇在选遍了库存的所有旧车后，空手而归。约翰在这对夫妇离开时，留下了他们的电话，表示有好车就会通知他们来看。在这对夫妇离开后，约翰分析了两个人的心理，决定改变策略，换一种思维来尝试。他不再竭力向雇主推销车，而是让他们自己下决心买车。几天后，当一个要卖掉旧车的雇主光临时，约翰决定试一下新策略。于是，他打电话请来了之前那对夫妇，并说明是让他们来提些建议的。那对夫妇到来之后，约翰对他们说："我了解你们，你们都是通晓汽车的人，你们能否帮我看看这辆车值多少钱？”两个人一听都很惊讶，汽车商竟然请教起自己来，但他们还是答应了。丈夫检查了一会儿，又开了五分钟，然后说：“如果能花500美元买下，就不要犹豫。”“假如我花这么多钱把车买下，你不想再从我这里买走吗？”夫妻俩对视一眼，只听丈夫说：“当然，我马上就可以买下。”就这样，这对夫妇在约翰的引导下，自己说服了自己，最后买卖成交。约翰之所以能够成功，在于他适当地作出了改变自己思维的举动，让客户自己掉进自己的“圈套”。

无论是对于他人还是对于自己，人们总是习惯于以自我为中心进行自我决策，并且认为自己理所当然地应该拥有行为选择上的自由。当然，有这种想法也是无可厚非的，因为在潜意识里没有一个人会愿意做一个没有主见的人。当其他人把某一观点强加给另一个人的时候，这个人最先的反应是戒备与不舒服，但如果某个决定是他自己作出的，那么情形将会变得大不一样。他们会觉得这是一种对自我判断的认同与强化。

从行为心理学上来讲，被别人肯定和欣赏是一个正强化的过程，得到他人的认可，更是满足了自尊心。所以，在与人进行交流的时候，不妨改变一下自己的思维方式，让对方觉得你认同他、肯定他，并且强化对方自我肯定的意识，这样一来，对方会在无形中就被自己说服了。

# “吊胃口”求认同

在生活中需要说服的对象有很多，他可能是你的父母、你的上司、你的顾客、你的朋友……有时候，如果你能运用逆向思维激起对方的认同感或是好奇心，那么对方一样能够被说服。

有一位中学老师接管了一个差班班主任的工作，刚好赶上了学校安排各班级学生参加平整操场的劳动。起初，这个班的学生躲在阴凉处不肯干活，老师怎么说都不起作用。后来，这个老师想了一个逆向思考的办法。他问学生们：“我知道你们并不是怕干活，而是怕热。”虽然一句话说出了真相，但学生们谁也不愿说自己懒惰，见老师给了大家讲述的理由，便都七嘴八舌地说道：“确实是因为天气太热了。”老师说：“既然是这样，那我们就等太阳下山再干活，现在我们可以聊聊天。”学生们一听高兴极了。老师为了使气氛更热烈一些，还买了几十个雪糕让大家解暑。于是，在说说笑笑的聊天中，学生们不自觉地就接受了老师的说服，也认同了老师“等太阳下山再干活”的提议。

人其实都有一种心态，那就是对于越是得不到的东西就越想得到，越是不好接触的东西就越想要去接触。这就好比潘多拉魔盒所带来的潘多拉效应，越是神秘，越是有魅力，对于无法知晓的事物，就越有好奇心，越渴望接近。

在日常生活中，人们经常说吊胃口、卖关子，说到底与潘多拉效应所起的作用相差无几。生活中有许多我们想要得到却并不容易得到的东西，即使努力也不一定能够实现，但正因如此，才吊足了我们的胃口，我们才会想方设法、转变思维去得到。天下的许多事，一旦容易了，人们反而就会抛弃，就会不在意。

美国有一位叫汤姆的人，他有一只爱犬，并且他的爱犬生了11只小狗，但是他无力饲养，准备把这些小狗送人。最初，汤姆打算把这些小狗送给亲人和邻居，可是在他夸了这些小狗的所有优点之后，竟然一只小狗也没有送出去。于是，他在当地的报纸上刊登了一则“愿意送给善良的家庭，一只可爱的小狗”的广告。然而一个月过去了，只是送出去了两只小狗。汤姆只好改变策略，登了一则这样的广告：“愿意送给善良的家庭，一只非常丑陋，八只非常漂亮的小狗。”广告一刊登出来，电话就响个不停，都是来向汤姆要那只丑陋的小狗的。就这样，汤姆在两天内送完了九只“丑陋”的小狗。

前面一则广告之所以不起作用，是因为人们对于漂亮、可爱之类的夸饰词已经产生了免疫。而后面一则广告之所以会成功，是因为人们容易受好奇心的驱使，想一窥小狗到底有多丑。人的心理有时就是这么奇妙，但只要能够掌握其思维方式，就能获得主动出击的机会，从而改变不利于自己的局面。每个人都有好奇心，关键就在于能否吊足他们的胃口，把不易解决的事变得容易，从而让对方对你的观点感兴趣。

美国一家动物园里新来了一个喂河马的饲养员，老饲养员给他上的第一课，就让他实在有点儿接受不了。新来的饲养员觉得老饲养员说的话，听起来有点离奇。老饲养员告诉他不要喂河马过多的食物，不要怕它饿着，以免它长不大。新来的饲养员听了这话十分纳闷，心想：世上，怎么会有这种道理？竟然是喂动物少的食物，它才会长大。于是，新来的饲养员并没有按照老饲养员的话来喂养河马，反而是拼命地喂自己负责的那只河马。两个月后，他发现，他喂养的这只河马真的没有长多大。老饲养员养的河马却是膘肥体壮。于是，他认为这与两只河马自身的素质有关。所以，就要求跟老饲养员换着养。又过了两个月，老饲养员养的那只河马又超过了他养的河马。这时老饲养员才告诉他原因：“之前告诉你的话，你不听，这下知道了吧。其实，你喂的那只河马，是太不缺食物了，拿食物不当回事，不好好吃，自然长不大。而我这只河马总是在食物缺乏的状态中度过，因此它懂得珍惜食物，能找到的食物都会吃，所以才健壮。”

老饲养员的思维方式其实很简单，他只是比别人懂得如何吊河马的胃口，从而使河马渐渐接受、认同这种喂养方式。在没有足够食物的情况下，河马自然会把能找到的食物都吃掉。这就好比喂养猴子，只有吊足了猴子的胃口，才能让猴子“束手就擒”。

当然，这种“吊胃口”的思维方式，对于人来说，同样是有效的。在事情遇到阻碍时，不妨采用这种方式，求得对方的认同，达到目的。

Chapter 5

# 求异思维自控术

——不在错误的地方寻找正确的答案

# 别拿别人的错误惩罚自己

别拿别人的错误惩罚自己，这句话源于德国古典哲学家康德，其原句是："生气，是用别人的错误来惩罚自己。"人与人之间的来往交流，总是避免不了磕磕碰碰，倘若因此就不快、生气，无疑会破坏彼此的兴致，甚至还会挫伤友谊和暴露缺陷，带来不良后果。更重要的是，这是拿别人的错误惩罚自己。要知道，人在冲动的情况下，思维就会不受控制，容易作出一些极端的事情，让情绪控制自己。

有这样一个故事：

有一天，当佛陀在竹林精舍打坐的时候，一个婆罗门突然闯进来大骂佛陀，说同族的人都跑到佛陀这里来了，令他很不满。佛陀静静地听完婆罗门的无理谩骂之后，才开口说道："婆罗门啊，你的家里偶尔也有访客吧？""当然有，你为何要这样问？”“婆罗门啊，那个时候，你也会款待客人吧？”“那是当然的了！”“婆罗门啊，假如那个时候，访客不接受你的款待，那么这些菜肴应该归于谁呢？”“要是他不吃的话，那些菜肴只好再归于我啊！”佛陀看着他，继续说道：“婆罗门啊，你今天在我面前说了很多坏话，但是我并不接受它，所以你的无理谩骂，最终是要归于你的。婆罗门，如果我被谩骂，而再以恶语相向时，就有如主客一起用餐一样，因此我不接受这个‘菜肴’。”佛陀说完，没有理睬婆罗门，又说道：“对愤怒的人，以愤怒还牙，是一件不应该的事。对愤怒的人，不以愤怒还牙的人，将可得到两个胜利。知道他人的愤怒，而以正念镇静自己的人，不但能胜于自己，也能胜于他人。”婆罗门听后，拜于佛陀门下，后来成为阿罗汉。可见，在不顺利的情况下，能够做到不发怒，不以别人的错误惩罚自己，能够平静地控制好自己的情绪，是一种生活的大智慧。

但在现实生活中，这样惩罚自己的人却屡见不鲜。比如，同事之间磕磕碰碰，要是两人互不相让，就可能会导致怒火中烧、互相攻击的局面，可是最后伤的还是自己；邻里之间因为鸡毛蒜皮的小事争吵不休，到头来伤的也是自己。犯错应该受到惩罚，但未必要通过生气或者愤怒来实现，如果错误在于别人，那为何自己要生气？别人犯了错，自己去生气，岂不是拿别人的错误来惩罚自己？

有一名生理学家做过一个简单的实验：他把一支玻璃试管插在盛有零度水的容器里，然后收集人们在不同情绪状态下呼在水里的“气水”。心平气和的人呼出来的气体经冷却后是澄清透明无杂质的；悲伤的人呼出来的气体经冷却后有白色沉淀；悔恨的人呼出来的气体经冷却后有蛋白质沉淀；生气的人呼出来的气体经冷却后有紫色沉淀。当生理学家把人在生气时呼出的“气水”注射到大白鼠身上时，大白鼠在12分钟后竟然死了。这一实验结果令人十分惊讶。很多人没有想到在生气时呼出的物质居然可以毒死一只大白鼠。可想而知，生气对于人体的健康会产生多大的危害，而学会控制情绪，换种思维来想问题，就显得至关重要。

其实，一个人恼怒、生气的成因很复杂，有社会因素、环境因素、自然因素和个人因素。就个人因素而言，当个人愿望与外部环境发生冲突时，便容易被激怒，轻则大发脾气，重则大打出手，甚至走向极端。

当然，这种做法无疑是愚蠢的、不明智的。因为想要实现自己的愿望或是目的，有很多种方式。最简单的就是，懂得改变自己的思维方式，换一个角度来看待问题。这样一来，就可以避免因情绪产生一些不可预见的事情。

当我们的情绪被别人掌控时，也就意味着我们的思维也被别人掌控了。我们会在不知不觉中顺着别人的思维走，陷入被动。我们开始怪罪别人，并且传递着这样一个信息，我这样痛苦都是你造成的，你要为我的痛苦负责。久而久之，就会形成一种觉得自己的行为是他人造成的固有思维模式，这种思维模式其实是很危险的。

所以，当我们遇到不快乐甚至是愤怒的事情时，先不要急着发火，不妨换个思维想一想，未尝对已对人不是一件好事。试想一下，与其自己生闷气，到头来也于事无补，倒不如平静下来，想想解决办法，或是改变一下自己的思维方式，积在心中的不快可能就会一扫而光。

我们都知道，以不同的思维方式、不同的心态、不同的角度看待事情，结果也会截然不同。重要的是要能跳出固有的思维模式来看自己，以乐观、豁达、体谅的心态来关照自我、认识自我，不苛求自我，甚至是超越自我、突破自我，这样才能让自己的思维方式不被别人所掌控，才不会拿别人的错误惩罚自己。

# 尝试让自己做一回“演员”

人们常说：假话说多了，连自己都信了。这话其实并不假，因为在我们的身边时常有这样的事情发生。这是因为我们的每句假话里，都有着一个心理层面的暗示，时间久了，再听到这句话时，就会下意识地认为，这话就是真的。由此可见，假和真之间似乎只是让思维稍微转了个弯，假的就变成真的了。日常生活中人们常常控制不住自己的情绪，那么不妨尝试着让思维转个弯，用“假装”的思维处理自己的情绪，也许会收到意想不到的效果。

随着认知水平的提高，每个人对事物的是非判断也在不断提高。人们思考问题的方式虽然千差万别，但是自己内心总会有一些“应该”做什么的声音，来指挥自己的行为。那么，在你觉得情绪失控的时候聆听内心的声音，这就很重要。

例如：多年未见的老同学平时很少联系，一见面自然会有聊不完的话题，这是人之常情，也是长时间不联系的同学之间消除陌生感的最好方式。可是在一次同学会上，一个毕业后就仿佛人间蒸发的老同学，并没有和其他同学一样去了解其他人的状况，而是开启了自我介绍的“炫耀”模式。她拉着一个自认为上学时期关系很好的同学不放，急切地分享她的喜事——由于自己工作努力认真，最近升职了，且很受领导器重；多年的寻找与等待没有白费，终于找到了真爱，过几天要和男友一起去度假……她根本不顾对方的感受，滔滔不绝地讲述着自己的事迹。这时候你会发现，你越听越不爱听，甚至开始有点讨厌这个人了。同学聚会本是一件很放松、很快乐的事，为什么会有讨厌的负面情绪出现呢？不喜欢对方炫耀的口气是一个原因，最重要的可能是你忌妒了。这个时候你内心的声音可能在说：你应该更加努力工作，应该多社交才有机会脱单，应该对自己好点……此时，这个内心的声音可能是在指导你下一步应该怎样做，而这个指导常常是有价值的。

在心理学中，有一个名词叫作“情绪模仿”，即以自己的动作、表情来模仿自己要表达的情绪，进而掩盖自己的真实情绪。比如，当你很生气、情绪不佳时，为了不给他人造成影响，或者给自己带来不必要的麻烦，通常情况下，会把自己的真实情绪隐藏起来。这时，就要模仿别人愉快的表情，或是说一些搞笑的事情转移自己的不快情绪，这就是“情绪模仿”。

所以，当我们发现自己的真实情绪不合时宜地出现时，就要想办法控制自己的负面情绪，否则可能会由于自己的情绪失控造成无法挽回的局面。此时，你就需要改变一下策略，可以试着把自己当作一个演员，去模仿他人，使自己尽快摆脱不良情绪的影响，进而很好地控制自己的情绪和言行。这其实也是转换自己思维的一种方式。

理德是一家广告公司的部门经理，自他入职公司以来，就以出色的表现和认真的工作态度，赢得同事们的认可。工作中，他从来没有因为个人原因出现过任何失误，因此很受老总器重。

这一天，理德与妻子因为老人的赡养问题没有达成统一的意见，他觉得在这件事情的处理上，妻子的表现令他很失望。他与妻子为此进行了较为激烈的争吵，这让他的情绪更加糟糕。尽管他告诉自己不要把负面情绪带到工作中来，但还是避免不了受坏情绪的影响。这天下午，理德正好要和重要的客户进行商务会谈，这次谈话至关重要，关系到公司一个重要协议的签署。他知道如果自己露出一副情绪低落、萎靡不振的神情，那肯定就会影响这次的洽谈。于是，理德在会议开始之前，进行了心理预设，尽量让自己回忆起愉快的经历，在会议开始的时候，就伪装出一副非常愉快的神情。会谈进行得很顺利，理德的表现赢得了客户的赞赏。在他与客户洽谈好合作事宜，签署协议后，他发现了一件奇怪的事情，自己懊恼与低落的情绪不见了，心情居然因为最开始的“假装”改变了，他发自内心地感到情绪变得愉悦起来。

美国心理学家霍特认为理德在无意中采用了心理学中调节情绪的一个重要方式：在模仿某种情绪时会在不知不觉中使自己的情绪被同化，这是人控制自身情绪的一种方法。许多心理学家都认为，人类的情绪自身是很难发生改变的，除非人们在情绪不快时有意识地主动改变。值得关注的是，人们的情绪会因为年龄、性别、职业、性格等因素的不同，而产生不同程度的变化。而当人的情绪发生变化以后，伴随情绪的外在表现，人的思维方式也会出现变化。

所以，当我们产生不良情绪时，不妨尝试让自己做一回“演员”，伪装成你希望的样子。愤怒时，扮演淡定、冷静的角色；悲伤时，假装自己很愉快。总之，就是把自己的一切负面情绪都掩藏起来，用正面情绪去替换它，让正面情绪伴随你左右。

人们的命运总是在一念之间产生差距，有些人因为善于控制自己的情绪而走向光明、走向成功，也有些人在被情绪操控中迷失了道路。两者看来没有什么本质上的区别，但实际上因为对情绪应对的不同方式造就了不同的命运。因此，我们不要让负面情绪影响自己，要努力改变自己的状态，尝试用“假装”去控制自己的情绪。

当你意识到自己失控的情绪会影响到自己的生活和工作时，那么，请让自己的思维转个弯，适当改变一下。因为只有善于控制自己情绪的人，才能真正地把握自己的命运。与其被自身的消极情绪所控制，不妨尝试一下情绪模仿，你会发现天空原来是那样的湛蓝。

# “境由心生”造就的世界

爱默生说：“你一直自认为是怎样的人，你就会变成那样的人。”一个乐观的人，能发现人生的乐趣；一个聪明的人，总能够发现智慧的火花；一个成功的人，能发掘自己兴奋的力量。很多人和事在你眼中的样子，有时并不一定是客观反映，很多时候是受自己的认知和态度影响的。境由心生说的就是这类人。因此，在思考问题的时候，可以用逆向思维去改变自己的想法。

心理学上有一条十分著名的法则：生活的10%由发生在你身上的事情组成，而另外的90%则由你对发生的事情所作出的反应决定。

在现实生活中，有人总是企盼没有的，却忘了已经拥有的；追求遥远的，却忽视自己身边的。物质追求，让人变得贪婪；盲目攀比，让人抱怨生活的不公……其实，在这个纷繁复杂、充满诱惑的社会，不羡慕别人，不轻贱自己，过自己喜欢过的日子，就是最好的日子；活自己喜欢的活法，就是最好的活法。所以，控制好自己的心情，这很重要。

曾经读过这样一个小故事：

两个人同到一家宾馆住宿，都想住标间，可是，刚巧就剩下一间房，他们又都不想浪费时间去寻找别的宾馆。于是，两个人就互相迁就一下，住到了一块。睡到半夜的时候，其中一个人哮喘病发作，于是向另一个人求救：“你帮我把窗子打开，放一放新鲜空气，我的病就会缓解。”恰巧那晚停电，这个人到处找窗子，摸来摸去，最后终于找到了。可是却怎么也找不到打开窗子的开关，听到同伴粗重的喘息，情急之下，他用拳头砸碎了玻璃，听到玻璃碎裂的声音，哮喘病发作的那个人高兴地说他似乎感觉好多了，于是向对方道谢。可天亮之后，他俩被眼前的情景惊呆了，原来昨晚砸碎的是一面镜子。

其实，现实生活中会有很多这样的例子，一个人心情的好坏与外在的环境关系并不大，很大一部分原因，取决于自己的内心感受。当你发现由于心情不好，生活变得都不美好了，天不蓝了，对任何事情都失去兴趣时，周围的一切其实都没有变化，只是因为你的直观感受和思维方式发生了变化。懂得了这个道理，我们在日常生活中，就可以调整自己的心情，营造一个好的氛围。

有一个小男孩由于妈妈没有答应他的要求，哭闹不止，妈妈在无可奈何之下，就动手打了他。从没受过委曲的他一时气愤，对他的妈妈喊道："我恨你！我恨你！"然后就转身跑了出去。一直跑到山脚下，他还是感觉自己心里郁闷不已，于是就对着山谷喊道："我恨你！我恨你！"山谷传来回音："我恨你！我恨你！"听到这个声音，小男孩有点吃惊，他赶紧跑回家。此时，他早就忘了还对妈妈生着气，于是他对妈妈说："妈妈，山谷有一个坏小孩说恨我。"妈妈看到他惊恐的样子，就把他带回山脚下，并要他喊"我爱你"。小男孩按照妈妈说的做了，而这一次他惊奇地发现，有一个很可爱的小孩在山谷里说"我爱你"，于是他开心地笑了。有人常常抱怨自己命运不济，抱怨别人对自己不好，所以就想借着换个环境或者是结交新的朋友来改变自己的境遇。但是人们却很少反省自己，环境的不遂心，职场的不顺意，责任究竟在自己还是在他人，如果原因出于自身的话，唯有改变自己，才能让问题迎刃而解。

人类对一切现象的感觉，都来自我们的认识。其中，既有社会的影响，也有自身的影响。

两个好朋友在一个报摊前停下，其中一个人拿到报纸，十分礼貌地对摊主说了声谢谢，摊主却冷着脸没说一句话。他们继续前行，走出很远之后，同伴抱怨道：“这个家伙态度怎么会那么差？”“我能想到他每天晚上都是这样！”买报纸的朋友说。同伴惊讶地问：“那你为什么还对他那么客气？”只听买报纸的朋友说：“为什么我要让他决定我的行为。”简短的话，却含着深刻的道理：别人对待你的方式，并不意味着你就以同样的方式对待他人。假如你希望别人对你好，那么你一定要对他们有积极的态度，我们对外界的认识，决定了自身太多的选择，进而决定了外界对我们的价值评估。

一只蜘蛛艰难地向墙上已经支离破碎的网爬去，由于墙壁潮湿，它爬到一定高度就会掉下来，它一次又一次地向上爬，一次又一次地掉下来。有一个人看到它之后，叹了一口气，自言自语道：“我的一生，不正如这只蜘蛛嘛，忙忙碌碌而无所得。”于是，他日渐消沉，觉得生活没有任何希望。另一个人同样也看到了这只蜘蛛，说：“这只蜘蛛真是愚蠢，为什么不从旁边干燥的地方绕一下再爬上去，我以后可不能像它那样愚蠢。”于是，他在遇到困难时，都会试着想办法解决，生活很是积极向上。

其实，世界上一切现象的美丑和价值，都是我们从自己的需要出发来规定的：一只古碗，鉴赏家看到的是它的历史，收藏家看到的是它的价值，外行看到的却只是它的破旧，这就是同一事物在不同的人、不同的思维方式下所体现出来的价值。我们自己也是一样的，在不同的心境中也会有不同的感觉。哲人说："人是万物的尺度。"而这个尺度就是我们的心。所以，别让思维走进牢笼，学会控制自己的心情，你眼中的世界才是美丽的。

# 遇到问题，先“讨伐”自己

《孟子》里有这样一句话：“仁者如射，射者正己而后发，发而不中，不怨胜己者，反求诸己而已矣。”这句话是在说当人们遇到问题时，切莫责怪他人，应先从自己的身上找症结，并努力改正。这就是逆向思维的运用。

其实，道理我们都懂，但很多时候，我们在遇到问题时往往总是习惯于把原因归结到他人身上，无论是工作中的同事，还是生活中的亲人，这样做的结果不但不能让自己从事物本身找到问题所在，还会使自己陷入尴尬的境地。

一般而言，解决问题有两个核心需要思考：第一，承担责任。问题的呈现实质上是一种责任的归属，只有承担了属于自己的那部分责任，才有资格要求对方。第二，反省自己。遇到问题之后从自身找原因，是为了增强可控性，是为了更有效地解决问题。

在生活中，我们会常常为自己犯下的过失寻找各种借口。上班迟到，会说出好几个理由；工作上和同事没沟通好，会埋怨同事不够配合；领导下达的任务没完成，会说我尽力了，但事情受这样那样的影响没法完成。当这样的思维成为一种习惯，就会在每次遇到问题时刻意找借口来回避，长此以往，人的意志会消沉，工作也会变得没有积极性。这时，我们就需要改变自己的心态、思维方式，来调整自己。

心理学家王浩平曾说："当你遇到可以改变的事情时，请学会充分把握；当你遇到无法选择的事情时，请学会安然接纳。"世界上没有十全十美的人，我们皆是有血有肉的普通人，自然也免不了生活的苦辣酸甜，有快乐，有无奈，更有许许多多的不如意。如果一个人只靠别人的理解、包容过日子，那就永远无法成长。所以，学会控制自己思考问题的方向，学会审视自己，才能让生活更加有意义，人生更加有价值。

有这样一个故事：

在招聘会上，一家生产梳子的公司在招聘业务员。经过面试之后，有甲、乙、丙三个通过了初试，公司决定给他们一个月的试用期，如果在这一个月内谁能把梳子尽可能多地卖给和尚，那么他就会被公司录取为正式员工。

一个月后，三个人来公司汇报各自一个月的销售情况。

甲在接到任务之后，首先觉得公司是在故意刁难，认为这根本就是一个无解的题。和尚为什么要买梳子？虽然他心里有诸多抱怨，但为了能得到这份工作，最终还是行动了。他跑了无数的寺院、推销了无数的和尚之后，碰到了一个小和尚，他因为头痒难耐，就把梳子当作一个挠痒的工具买了一把。最终，甲卖出了一把梳子，为此他很自得，觉得自己一定能胜过另外两人。

乙接到任务之后，与甲有着同样的想法，觉得和尚不可能买梳子，但是他是一个不服输的人，尽管觉得公司是在为难他，但他还是开始了推销工作。他刚开始也跑了很多寺院，但一把梳子都没卖出去，正在绝望之时，忽然发现烧香的信徒中有个女客头发有点散乱，于是他对寺院的住持说，这是一种对菩萨的不敬。就这样，他说服了两家寺院每家买了五把梳子，总共卖出了十把梳子。乙想着十把梳子的销售业绩，他虽不满意，但是却也有份小窃喜。

丙在接到任务之后，虽然知道这是公司的考验，但是他并不觉得公司是在为难自己。按照常理来说，和尚肯定是不需要用梳子的，但是如果自己连试都不试，怎么会知道卖不出去呢？于是在跑了几个寺院都没能卖出去一把梳子之后，他感到自己真的遇到了难题。虽然他很着急，但是他却强迫自己静下心来，重新审视自己，觉得应该改变一下自己的销售思维。于是，他控制自己抱怨的情绪，从反方向去思考，让自己从大处着眼。如果不能把梳子卖给和尚使用，那就只能卖给寺院了，而使用梳子最频繁的无疑是女性了。丙找到住持，说了自己的想法，最终成功卖出1500把梳子。丙是这样想的：自己销售梳子的目的是赚钱，那么就想到寺院一方面传道布经，但一方面也需要增加经济效益，于是一条销售的成功之路被打通了。前来烧香的信徒有的不远万里来到此地，我们为何不让他们带点有纪念意义的东西回去呢？就这样，丙提议在梳子上刻上各种字，如虔诚梳、发财梳……并且分成不同档次，在香客求签后分发。没想到，在梳子上刻字送给香客，反响竟然很好，并且越来越多的寺院要求购买此类梳子。

可想而知，这家公司最后会选择谁成为正式员工。

从三个人的销售思维来看，甲、乙二人在开始推销之前，就有了被困难吓倒的迹象，把问题归结于公司刁难自己，而没想过自己努力与否。而丙尽管知道困难重重，但在遇到困难之后，懂得审视自己的推销思路，换个角度思考问题，于是他取得了成功。

没有什么困难是不可克服的，我们需要找的只是通往成功的方法。

小的时候为了可以考取高分，拿到奖状，我们都会努力去背课文，去写作业，去找规律……最终达到自己考取高分的目的，得到老师和家长的赞扬。然而现在的我们呢，大多都会为自己没有完成工作找各种原因。比如，我忘记了，我刚有事所以没有做。我已经很认真了，可是还是做不好。我比较笨，所以没别人那么快……其实，这些借口没有一个从自身找原因，没有一个是认真审视自己是否想尽一切办法做事。

如果我们明知某条路的确不适合自己，那就要立即改变方式，重新选择另外一条路。如果我们深陷“钻牛角尖”，抱着一个想法不放，便会走进死胡同，将个人的能力扼杀在“瓶颈”中。无论你遇到什么困难，只要你积极主动去思考，总会有意想不到的收获，关键就在于你敢不敢想。每个人在工作中都会碰到许多走不通的路，在这个时候，我们就要控制自己的思维，养成换个角度考虑问题的习惯，思考问题的角度变了，再重新思考解决问题的办法，这样我们的眼前就会出现山重水复疑无路，柳暗花明又一村的美好前景。

# 最难评价的人是自己

在美国一份针对80余万名学生的调研中，95%以上的人在评估自己与他人相处的能力时，都认为自己的处理能力高于平均水平。大部分人在与自己的身边人相比时，都会觉得自己更聪明、更好看、更有道德，甚至会活得更久。但自己“优于平均的大多数人”往往存在的主观成分很大。

生活中我们也不难发现，当被要求评价自己时，我们也常用“中等偏上”这样的词汇来模糊地概括。可正因如此，人往往很难客观地评价自己和认识自己，其中，思维方式是至关重要的。

生活中做人做事，都不应该因为取得了一点小小的成绩就扬扬得意，觉得自己比任何人都强，自我膨胀，这样做的结果不仅使自己难以在工作中立足，而且使自己不受他人喜欢。所以，无论什么时候，我们都要控制自己的膨胀情绪，转个方向思考问题，清楚地认识自己。

寺院里来了一个小和尚，他自幼便读过很多书，对于谈经论道颇有见解，很多人都说他虽然年龄小，却不比年长的师兄们参禅悟道的修为差。听到这些评价，小和尚也觉得自己的修为确实不错，所以在言行中，时常表露出来。而寺院的方丈对小和尚也早有耳闻。小和尚来到寺院之后，就去见方丈，对方丈说："我初来乍到，先干些什么呢？请方丈指教。"方丈微微一笑，对小和尚说："你先认识和熟悉一下寺里的众僧吧。"第二天，小和尚又来见方丈，诚恳地说："寺里的众僧我都认识了，接下来该去做些什么呢？"方丈还是微微一笑，说道："肯定还有遗漏，接着去了解、去认识吧。"三天过后，小和尚再次来见方丈，很有把握地说："寺里的所有僧人我都认识了。"方丈这时又说道："还有一个人，你没认识，而且这个人对你特别重要。"小和尚满腹狐疑地走出方丈的禅房，一个人一个人地询问，一间屋一间屋地寻找，却始终没找到那个对自己很重要，自己却还不认识的人。过了很多天，一头雾水的小和尚在一口水井里忽然看到自己的身影，他豁然顿悟了，赶忙跑去见方丈……

只有能够清醒地认识自己的人，才能客观地对待周围的一切事物，才能清醒地认识到自己的缺点并努力改善，做事才能理性处理，才不会冲动，才有可能取得成功。

爱因斯坦小时候常常被人夸聪明，但是他却十分贪玩，他的母亲常常为此忧心忡忡，再三告诫他应该怎么去做，然而对他来说，母亲的话就如同耳边风。就这样，一直到爱因斯坦16岁的那年秋天，父亲将正要去河边钓鱼的爱因斯坦拦住，并给他讲了一个故事。正是这个故事改变了爱因斯坦的一生。

故事是这样的：

“昨天，”爱因斯坦父亲说，“我和咱们的邻居杰克大叔清扫南边工厂的一个大烟囱。那烟囱只有踩着里边的钢筋踏梯才能上去。你杰克大叔在前面，我在后面。我们抓着扶手，一阶一阶地终于爬上去了。下来时，你杰克大叔依旧走在前面，我还是跟在他身后。钻出烟囱，我发现你杰克大叔的后背、脸上全都被烟囱里的烟灰蹭黑了。”爱因斯坦的父亲继续微笑着说：“我看见你杰克大叔的模样，虽然我身上连一点烟灰也没有，但是我想我肯定和他一样，脸脏得像个小丑，于是我就到附近的小河里去洗了又洗。而你杰克大叔看见我钻出烟囱时干干净净的，就以为他也和我一样干净，于是就只草草洗了洗手就大模大样上街了。结果，街上的人都笑痛了肚子，还以为你杰克大叔是个疯子呢。”爱因斯坦听罢，忍不住和父亲一起大笑起来。父亲笑完了，郑重地对他说："其实，别人谁也不能做你的镜子，只有自己才是自己的镜子。拿别人做镜子，白痴也许会把自己照成天才的。"

爱因斯坦听了，顿时满脸愧色。从此之后，开始学会正确地认识自己，不再只凭着自己的聪明混日子了，他会时时用自己做镜子来审视和映照自己。

日本保险业泰斗原一平在27岁时进入日本明治保险公司开始推销生涯。有一天，他向一位老和尚推销保险，等他详细说明之后，老和尚平静地说："听完你的介绍之后，丝毫引不起我投保的意愿。"老和尚注视原一平良久，接着又说："人与人之间，像这样相对而坐的时候，一定要具备一种强烈吸引对方的魅力，如果你做不到这一点，将来就没什么前途可言了。"原一平哑口无言，冷汗直流。老和尚又说："年轻人，先努力改造自己吧！""改造自己？""是的，要改造自己，首先必须认识自己，你知不知道自己是一个什么样的人呢？"老和尚又说："你在替别人考虑保险之前，必须先考虑自己，认识自己。""先考虑自己？认识自己？""是的，赤裸裸地注视自己，毫无保留地彻底反省，然后才能认识自己。"从此，原一平开始努力认识自己，改善自己，终于成为一代推销大师。

认识自己，改造自己，这是我们一生中要努力追寻的目标。哪些事情适合自己干？如何让周围的朋友喜欢自己？可以说是你事业成功的关键。我们在人生旅途中会遇到各种困难需要我们去面对，当你取得一点成绩时，不要骄傲自满，不要自我膨胀，要客观地认识自己，先做学生，再做先生，才能在人生中立于不败之地。

# 有时放弃才是胜利

我们常听人说，坚持就是胜利。在通常情况下，当我们面对问题时，只要咬咬牙坚持一下，就成功了，但这并不适合所有情况。我们要运用逆向思维，多方面地去评估坚持的意义。易中天曾说："如果方向错了，停止就是进步。"是的，如果方向错了，南辕北辙，越走越会错得离谱，所以停下来，可能反倒离目标近些。这个时候，如果不能很好地控制自己，一条道走到黑，最终会被碰得头破血流。其实，在我们的身边就不乏这样的事例，很多人每天都很努力地工作，或者很认真地做事，但是总是达不到自己想要的结果。也就是说，如果你选择的方向错了，就算付出再多的努力、再多的辛苦，也不会有任何效果。就像人们所说的，总在错误的地方寻找正确的答案，却不知那个地方根本没有你想要的东西。所以，当我们选择的目标错了的时候，适时停下脚步，强迫自己运用逆向思维去思考自己的选择，审视一下自己的努力方向，千万不要在错误的地方寻找正确的答案。

有这样一个笑话：

一只小白兔蹦蹦跳跳地来到一家书店，看着老板在里面忙碌，于是他大喊道："老板，请问你家有萝卜卖吗？"老板看了小白兔一眼说："我这里是书店，没有萝卜。""哦！"小白兔蹦蹦跳跳地走了。第二天，小白兔又蹦蹦跳跳地跑到书店门口，对着老板大喊："老板，请问你家有萝卜卖吗？"老板跑出来说："早就跟你说了，我这里是书店，没有萝卜，你怎么还来？走开！走开！"小白兔又"哦"了一声，蹦蹦跳跳地走了。第三天，小白兔又蹦蹦跳跳地跑到书店门口，对着老板大喊："老板，请问你家有萝卜卖吗？"老板生气地冲出来说："已经告诉你了，我这里是书店，没有萝卜卖，下次你还敢来，我就把你的尾巴剪掉！"小白兔吓了一跳，赶紧蹦蹦跳跳地逃走了。第四天，小白兔又蹦蹦跳跳地跑到书店门口，对着老板大喊："老板，请问你家有剪刀卖吗？"老板很纳闷，这只兔子终于不问萝卜了。于是，老板走出来说："我这里是书店，怎么会卖剪刀？""哦"小白兔这次没有转身离开，而是继续问道："那请问你家有萝卜卖吗？"老板终于气不过，拿起一把椅子就把小白兔打跑了。从此以后，小白兔再也不敢来书店买萝卜了。

又是一个在错误的地方找正确答案的例子，为什么我们总习惯在错误的地方找正确的答案呢？因为我们认为，坚持就是胜利。于是什么事做了就做了，错了就错了，一错到底。殊不知，你这样将错就错下去，你的一生也就错下去了。所以，当我们经历了一次又一次的失败之后，强迫自己停下来，告诉自己前方的路有可能行不通，强迫自己转个方向，也许成功之门就在你的左侧等着你去开启。

其实，一切事物的成功，都是从设立目标开始的，而且这个目标必须是正确的。如果目标错了，你即使走出千万条路，可就是找不到一条属于你自己的路。你即使做千万件事，可就是做不对一件。这个世界上值得我们珍惜的东西很多，我们的青春、我们的健康、我们的智慧、我们的财富，所以没有理由让我们盲目地挥霍。如果你一定要坚持，那请你一定要找准方向，否则你的坚持就是最大的失败。

不要在错误的地方寻找正确的答案，不要在不该停留的地方停留太久。掌握趋势，认清事实，找对策略，做对事情，然后坚持到底，才能取得胜利。

有这样一个小故事：

一天晚上，在一个明亮的路灯下，围着一大群人，他们在干吗呢?

最开始的时候是有人看到一个人急得满头大汗地在路灯下找东西，于是便上来围观，问他丢了什么?一听他开口说话，才知道原来是个醉汉，醉汉说他钥匙丢了，回不了家。于是大家一起帮他找，可几乎把路灯下的地方翻遍了，也没能帮醉汉找到钥匙。这时候有人反应过来，就问了一句："请问，你确定钥匙是丢在这里了吗?"醉汉想了想说："钥匙不是在这里丢的。"人群有了片刻的安静，接着就有人发出了愤怒的声音："不是在这里丢的，你怎么在这里找呢?你这不是浪费大伙的时间吗?"醉汉并不生气，一听有人这样问他，就乐了。接着他含糊不清地说："你们傻啊，我钥匙丢在一个黑乎乎的胡同里了，那里什么也看不见，怎么找啊?所以我就到路灯下来找了!"众人听罢，摇着头无语地走开了。

故事似乎有些荒唐，可是现实生活中就有这样的例子，而且还不在少数。

比如，财务人员做财务分析，明明很多财务资料是从其他公司搬来的，却要妄图得出正确的财务预算，这不是很荒唐吗?同样，对于销售人员也是一样，只要稍加分析就知道，某些客户的情况肯定不能完成我们的推销要求，而我们却花费大量的人力物力在这些人身上做营销，结果就可想而知了。可为什么我们明知道错了，还要继续做下去呢？因为我们自欺欺人或者妄图走捷径，因为那样去做省事，目的似乎很快就可以达成了。做事情直奔结果没有错，但是不加分析蛮干，再努力也白搭。

有时候错误的惯性思维，也会让我们坚持错误的选择。有这样一个笑话，在某城市的一辆公交车上，由于急刹车，一位先生撞到了一位女士，女士很生气地骂道："德性！"先生一愣，随口回了一句："不是德性，是惯性！"全车报以热烈的掌声。这虽然只是一个小笑话，但也说明了一个人的思维方式。很多人遇到这种情形，可能会按照惯性思维来思考问题，如果是这样，可能就会激化问题，而不是解决问题。

惯性反映了人性的很多欲望，比如：完成欲。我们有时候要在家招待客人，于是准备了一大堆食材，要做一顿丰盛的晚餐款待客人。可是，客人临时有事不来了。这个时候，如果只有自己的家人吃饭，是不需要做一大桌子菜的，多了吃不完，也是一种浪费，可是却听到有人说：就差两个菜了，我继续做完吧！你会作何感想？这就是强烈的"完成欲"，明知道客人不来了，却还要坚持到底。就像比赛中已经犯规了还要坚持跑完全程，究竟还有什么意义呢？所以，我们要做一个自控的人，学会控制自己的思维，当我们方向错了的时候，一定要停下来，从其他角度思考一下再做，才不至于做事一错到底。

也许你觉得这样的思考逻辑很可笑。然而，我们经常会看到这样的事：有些人不想用认真工作得到领导的重用，而完全寄希望于投机取巧；有些人则是以应付的态度对待工作，却希望得到上级的赏识，若是得不到，就埋怨领导不能慧眼识英雄，或命运不公。这样的做法和那个在路灯下寻找钥匙的醉汉犯了同样的错误，那就是在错误的地方寻找他们想要的东西。

一个想要找到金矿的采矿者，如果他认为在海滩上挖掘更容易，而就在海滩上寻找金子的话，那他找到的肯定只是一堆堆沙子，绝不可能是金子。而金矿只有在坚硬的石头和泥土中才能挖掘到。同样，要想在工作中崭露头角，必须学会努力对待工作。

古罗马人有两座圣殿：一座是勤奋的圣殿；另一座是荣誉的圣殿。它们在位置安排上有一个次序，就是人们必须经过前者，才能到达后者。其寓意是，勤奋是通往荣誉的必经之路。

无论你做什么工作，无论你面对的环境是松散的还是严谨的，你的选择都很重要，当你发现方向选择错了的时候，一定要让自己换个思维方式去选择正确的路，而不是通过一些其他途径来达到你所谓的追求。

Chapter 6

# 求异思维精进术

——用最少的精力做最有效的事

## 越简单的方法往往越适用

有人说，人的思维是一种比较奇怪的东西，它并不像我们想象的那样是坚固的、稳定的，反而是跳跃的、流动的、易变的。它不像一座高山，更像一条河流。如果我们不对自己的思维加以控制，无论是思维不足还是思维过度，都无法让思维发挥其真正的作用。

很多人之所以对有些问题感到难以抉择，是因为他们在问题和已知信息的海洋中迷失了自己最初的目标，不知道自己到底想要什么。此时，最好的办法就是把问题聚焦到最初或最终的目标上来，从目标反推，得出想要实现这个目标需要采取哪些行动，而不是过多地关注旁枝末节。我们可以把这种思维方式叫简化思维，它是一种在生活中非常普遍的思维。

不知道你有没有遇到过这样的情形，当你遇到某个问题并想要认真研究的时候，你可能会发现这个问题很复杂，牵涉到方方面面，你会感觉自己好像进入了一个迷宫，不知道该往哪里走，也不知道该从哪里入手，只好在原地徘徊。这时你就需要改变惯性思维的思考模式，简化你的思维，让思维精进化，进而寻找到有效的东西，达到简单、快速地解决问题的目的。

有一天，爱迪生在实验室里工作。因为急需要知道灯泡容量的数据，而此时手头上的工作太多，他便将计算灯泡数据的这个工作交给了他的助手阿普顿，并给了他一个没有上灯口的灯泡。阿普顿曾是某大学数学系的高才生，这项工作对他来说，简直是小菜一碟。阿普顿接受了任务后，就去了另一个房间进行测量演算。过了很长的时间，爱迪生把手头上的工作全部忙完了，还没见到阿普顿过来，便亲自去找他。一进门，却见他还在忙着计算，桌上演算的草纸已经用了很多。爱迪生站在一边，问道："你还需要多长时间？"阿普顿说："一半还没有完成。"爱迪生这才看明白，他的助手是用软尺测量了灯泡的周长、倾斜度以后，再用复杂的公式进行计算。爱迪生见此，拿起那只空灯泡，采用了一种简单的方法，很快就得出了灯泡容量的数据。阿普顿看见爱迪生采用如此简便的方法，脸一下子红了。

其实，阿普顿用了人们最常用的惯性思维去解决问题，虽然也可以计算出所需的灯泡数据，可是那样会耗费很长时间。而爱迪生采用的方法不仅很简单有效，还节省了时间。爱迪生所采用的方法，就是在灯泡里装满了水，然后把水倒在量杯里，水的体积即是灯泡的容积。从这个例子中我们不难看出，爱迪生其实就是运用了简化的思维方式，打破了正向计算的思维方式，从目标入手，得出了灯泡的容积。

一位农夫请来了工程师、物理学家和数学家，让他们用最少的篱笆围出最大的面积。工程师用篱笆围出一个圆，称这是最优设计。物理学家说："将篱笆分解拉开，形成一条足够长的直线，当围起半个地球时，面积最大了。"数学家嘲笑了他们一番。只见他用很少的篱笆把自己围起来，然后说："我现在是在篱笆的外面。"工程师的设计是实用的，不愧是"最优设计"。物理学家的思维具有奇特的想象力，篱笆可无限地分解拉开，似乎围成的面积已经是"最大了"。数学家则是反其道而行之，把自己用篱笆围起来。这样一种简化思维的设计方式，何尝不是"最优设计"。

还有这样一个例子：

德国著名数学家、物理学家和天文学家高斯，在小学的时候就表现得极其聪明，名声也逐渐大了起来。

有一天中午，高斯顶着烈日匆匆赶往学校，突然有一群人拦住了他的去路，其中一个人对高斯说：“听说你是个天才，我们有一个小小的难题，你敢不敢接下来。”说着，拿出一个玻璃瓶，往街心一放，只是瓶子里有一枚用棉线系住的银币，他要求高斯把棉线弄断，但绝对不许打开瓶塞，这有点出乎高斯的意料。他本以为，对方大不了出一道数学难题，凭他们的出题水平，怎么也难不住他。可是现在面对的却是一个跟数学无关的问题，一时间他也不能解决这个难题。于是，只好面对这个玻璃瓶，认真地动起脑来。十分钟很快就过去了，高斯还是皱着眉，盯着那个玻璃瓶，没有想出什么办法。这时候看热闹的人越来越多，其中有不少人认识高斯，知道他是极其聪明的人，解出了很多数学难题。现在，他们当然想亲眼看看这位天才青年，是如何走出别人给他制造的困境的。太阳光是那么强烈，那个玻璃瓶偏偏放在炎炎烈日下，高斯紧张地思考着，他的额头不断沁出汗珠来，一颗又一颗地落在地上。一位戴着老花镜的老人好心地走近高斯，撑起了自己手中的黑色布伞，举到高斯的头顶上，并安慰他说，别着急小伙子，慢慢想，你会想出办法的。高斯朝那位慈祥的老人笑了笑，表示感谢。忽然，他看到老人戴着的老花镜，脑子灵光一闪。他恭恭敬敬地向老人说了句话，老人连连点头，把自己的老花镜摘下来递给了高斯。只见高斯在那个玻璃瓶前蹲了下来，他举起老花镜，让太阳光聚焦在玻璃瓶里的棉线上，不一会儿，围观的人看到玻璃瓶里冒起了一缕青烟，接着“叮当”一声，那枚用棉线系着的银币，落到了瓶底。高斯解决了难题。

高斯巧妙地运用了简化思维，他没有从瓶口切入，而是从切断棉线入手，利用逆向思维，达到了目的。其实，那些能一语道破本质的人、能够轻松应付难题的人、工作效率比你高的人，只是比你更早地养成了简化的思维习惯。实现简化最重要的前提是：你必须足够认可简化的价值，有足够的动力和决心追求简单。只要你愿意努力寻找，就会发现解决问题总有更加简单的方法。

# 简单不等于容易

每个人都生活在群体之中，每天都在解决一个又一个的问题，当然，这些问题有的很复杂，不容易完成，有的很容易就能解决。但是，往往越是容易的事，就越需要细心。如果你觉得很容易办到的事不需要细心，那你就错了，因为很容易办到的事，你认真对待运用逆向思维去做，会有意想不到的收获。

某个修车厂里有个做学徒的小伙子，他为人勤恳，很多脏活累活都抢着去做，老板很喜欢他，客户也经常夸赞他，说就凭他这股干劲儿，以后一定能出人头地。小伙子家境贫寒，也想通过自己的努力来改变家人和自己的命运，虽然他每天的工作就是修车，但他都很认真地做事，对未来充满希望。可是和他一起做学徒的人却对他的做法嗤之以鼻，觉得他们干得再好，也只是个修车工而已，所以，在小伙子积极地做事时，其他人则都是得过且过。这一天，有一个客户送来一辆普通价位的车来修，其他人都不想修这辆车，只有这个小伙子默默地拿起工具去修车。在修完车之后，小伙子像以往一样，把修好的车里里外外擦拭、整理完后，才交还给客户。然而让人意外的是，就在客户将车子取回去的第二天，这个小伙子就被挖到客户的公司上班了。原来那个看似普通价位的车的主人是一位上市公司的老总，他很欣赏小伙子能够把一件在他人看来并没有什么价值的事认认真真地完成。要知道，越是容易、简单的事，做起来其实并没有我们以为的简单。

可能很多人会认为，简单的事多做一点会让自己吃亏。可小伙子就是把一件很容易办到的事尽自己的努力做到了精细，才给自己带来了机遇。其实，生活中要想把一件简单的事做到精细，在于我们的思维方式能否正确转变，而不是一味地认为“太过简单，没有必要费心思”。要知道，打破常规思维，能把一件容易的事做得精细化，本身就是一件不容易的事，关键就在于每个人对待事情的看法和做事的思维方式。

一个小女孩对母亲说：“妈妈，你今天好漂亮！”母亲感到很奇怪，因为自己以前从来没听女儿这样评价过自己，于是就问女儿：“你为什么要这样说呢？”小女孩说：“因为妈妈今天都没有生气。”原来在小女孩的眼里，拥有漂亮很简单，只要不生气就可以了。

有个牧场主叫自己的孩子每天都去牧场上工作，朋友见状对他说："你不需要让孩子如此辛苦地劳作，农作物一样会长得很好。"牧场主回答说："我不是在培养农作物，我是在培养我的孩子啊。"原来在父亲眼里，培养孩子很简单，让他吃点苦就可以了。

有一个网球教练对学生说："如果一个网球掉进草堆里，应该怎么找？"有的学生说："从草堆中心线开始找。"有的学生说："从草堆的最凹处开始找。"也有的学生说："从草堆最高的地方开始找。"教练听完各种答案，才说道："按部就班地从草堆的一头搜寻到另一头。"原来解决问题的方法很简单，从一数到十，不要跳过就可以了。

上述事例都是我们身边发生的小事，可正是这些看起来都极容易办到的小事，如果没有做到精细，没用逆向思维去思考问题，并按简化方式去做的话，那可能就不会出现好的结果。

其实，无论是做人还是做事，越是简单地专注于一件事，就越容易成功。就像国际数学大师陈省身先生说的："我别的都做不好，所以就只能读数学了，我不像别人那么多才多艺，所以选择上也就十分简单，不用过多分析。"正是陈省身先生简单地专注于一件事，才有了他在数学上的伟大成就。所以越容易的事，越不要轻易对之，反而越要精细。

生活中，很多时候我们习惯于自始至终地用一种思维去观察和解决问题，结果就会给自己设置一个“牢笼”，并逐渐形成一种思维定式，从而阻碍了我们前进的步伐。但只要我们能突破常规思维的束缚，以超常规甚至反常规的方法、视角去思考问题，就会有与众不同的解决方案，从而用最简单的方式，产生新颖的、独到的思维成果。

再看几个例子。

一次服装设计大赛的绝大多数参赛作品都豪华、新潮，很是吸引人的眼球。但是最后令所有参赛者大跌眼镜的是，获全场唯一金奖的作品，竟是一个制作最简单的作品。这件获奖作品是将一块漂亮的布料剪了三个洞，分别套进头和手臂，再用一根彩带拦腰一扎，就是一条裙子。然后设计师找了一个普通女孩穿上这条裙子，效果是既简约又大方。让看惯了华丽服装的人眼前一亮，纷纷称赞其创意独特。其实，这就是简化思维所要达到的境界，即用最简练的形式表达出最丰富的内容。从这一意义上来说，简单也是一种与众不同的思维方式。

一个蛋糕店有一次接了一个刁钻古怪的顾客的订货单。订货单上面写道：“需做九块蛋糕，但要装在四个盒子里，而且每个盒子里至少要装三块蛋糕。”蛋糕店的工作人员一看订单都有点蒙，觉得顾客的要求是故意刁难他们。只有一个店员没有这么认为，他说："我们可以先将九块蛋糕分装在三个盒子里，每盒三块，然后再把三个盒子一齐装在一个大盒子里面。"这个店员简单的一句话，就解决了令他人困惑的问题，这其实也是一种简单思维的精进。

生活中人们往往会把很容易的事情复杂化，一方面，这是因为人们头脑中有过多的想法；另一方面，则是因为人们的思维受到了固有思维的束缚。所以，越是容易简单的事越要认真对待，因为简单往往更容易迷惑人。

# “偷懒”思维

长期以来，人们一说起某人偷懒，就会深恶痛绝，嗤之以鼻。但是，如果我们能够换一种思维方式来看待，“偷懒”有可能就是用最少的力气，办最多的事。换句话说，“偷懒”是为了更好地解决问题，节省出更多的时间做其他的事。这其实也是一种思维方式，所以，当你遇到问题时，不妨“偷偷懒”，也许可以把事情做得更加完美。

犹太人汉弗特就是推崇这种“偷懒”的人。他在加拿大渥太华开设了一家豪华宾馆，处事甚为“懒惰”，凡是能吩咐别人为他做的事，他绝不亲自做。当然，他也绝对不会放过任何一个偷懒的机会。所以，宾馆虽然业务繁忙，但是他却整天过得悠闲自在。年末考核时，汉弗特让宾馆分别评选出10名最勤快和最懒惰的员工，并叫人把那10名最懒惰的员工叫到他的办公室。这些员工心里七上八下，心想老板觉得我们是最能偷懒的员工，肯定会炒我们鱿鱼。可是他们万万没想到，一进门，汉弗特就说道："恭喜各位被评为本宾馆最优秀的员工。"10个人被弄得丈二和尚摸不着头脑，你看看我，我看看你，不知道老板说这话是什么意思。看着他们一个个目瞪口呆的样子，汉弗特笑了，招呼他们坐下后，慢慢解释道："据我观察，你们的'懒'突出表现在总是一次就把餐具送到餐桌上，习惯于一次就把客人的房间收拾干净，一次就把工作干完。讨厌多走半步路，讨厌做第二次，因而在别人眼里你们整天闲着，整天偷懒，但是在我看来，你们只是用最少的力气来完成工作，甚至你们做的比那些整天忙忙碌碌的员工更加优秀。所以，你们这样的'懒汉'才是最优秀的员工。而勤快员工的'勤'，做一件事不在乎往来多少趟，花费的时间也更多，这样怎么会有效率呢？"10名员工听后恍然大悟。

有人嫌系鞋带麻烦，商家就想了一个偷懒的办法，在鞋口处缝上松紧带或者装上拉链，这样就省去了系鞋带的麻烦。人们正是懒得推磨，才发明了风车；懒得走路，才发明了汽车……巧于懒惰的人，身上常常闪烁着创造的火花。

在美国加利福尼亚州有个叫约瑟夫的人。他小学毕业后，由于家境贫寒，无法继续上学，只好在一个牧场里替人家放羊。眼看着同学们都升学了，小约瑟夫也暗下决心：“我得想个办法继续读书，将来也做一个大牧场的牧场主。”于是，约瑟夫一边放羊，一边看书。当时他的工作也特别简单，只要把羊看好，不要让它们越过放牧栅栏去破坏庄稼就可以了。但是一些羊却常常撞倒放牧栅栏，成群地跑到附近的田里偷吃庄稼。好几次都害得约瑟夫被牧场主骂。他就一直在思考如何在能偷懒的情况下，既能读书又不耽误放羊。于是，他就想到了加强放牧栅栏的办法。约瑟夫开始分析情况、认真观察，看羊是怎样冲破放牧栅栏跑出去的。结果，他发现利用蔷薇做围墙的地方，尽管脆弱，但是从来没有被破坏过，而冲破的都是那些拉着粗铁丝的地方。对此，他很疑惑，还观察了蔷薇。原来是蔷薇上的刺让羊群有所忌惮，可是蔷薇毕竟是植物，坚固度不够。要想“能偷懒就偷懒”，还得想办法。当他下意识地敲着放牧栅栏上的铁丝时，忽然一个“懒”主意浮上心头：“能不能用细铁丝做成带刺的网呢？”于是，他弄来铁丝，按照“铁蔷薇”的创意制作了围墙。第二天，约瑟夫故意隐藏起来观察羊群的动静，果然羊群就像往常一样，把身体贴靠到放牧栅栏上，想把它推倒。但刚接触到栅栏，羊群就被刺痛了身体，再也不敢向放牧栅栏靠近了。

就这样，小约瑟夫因发明出“不用看守的铁丝网”受到牧场主的赞扬，不仅可以光明正大地看书了，而且与约瑟夫合伙开设了工厂，来专门生产这种新的栅栏以满足牧场的需要，并予以改进。他们的产品上市以后，订单纷至沓来。正是由于约瑟夫的“偷懒”，才激发了他运用逆向思维来解决问题的能力，并让他的人生获得了巨大的成功。

人们习惯于已有的事物，遇到问题也习惯于运用以往的经验去解决，长期如此，就会阻碍创新。所以，想“偷懒”就不能“死板”地沿着惯性思维去做，必须另谋新法。不用划的船，就是发明者运用这种“偷懒”精神的体现。1905年8月的一天，奥利·埃文鲁德和一个叫贝西·卡西的姑娘到密执安湖的一座小岛上野餐，这个小岛距离湖岸4公里左右。当时天气炎热，埃文鲁德划船去岸边买冰激凌，虽然他大汗淋漓地把船划回来，但冰激凌却全都化了。后来，他就想着能有什么方法来加快划船的速度？突然，一个“偷懒”的办法从脑海里冒出来，如果用发动机来代替船桨，会有怎样的效果呢？于是，他很快就制成了一种能挂在船尾的马达，马达的一根传动杆向下伸入水中，杆的端部有一个向后的螺旋桨。由于整个马达可以左右转动，因此很容易控制螺旋桨的方向，进而调整航向。就这样，一项以“不用划”作为“偷懒”前提的伟大发明就此诞生了。

其实，从上面的例子中我们不难看出，偷懒心理可以形成一种发明创造的动机，为了既不想多出力气又想实现目的，于是就会改变思维方式，寻找改变当前生产或工作方式的“偷懒”办法，从而创造出一些新的东西。因此，琢磨偷懒，并非是教人学懒。

当然，琢磨偷懒时，要在“琢磨”二字上下功夫。要从实践中发现使人们感到最繁重、最费工、最烦琐的事情，通过逆向思维和科学实验，提出“懒”得科学、“懒”得可行、“懒”得有利的方法，将复杂的程序简单化，从而以“懒”代勤，少投入，多产出。

# 一次只做好一件事

哲学家亚当斯曾经说过：“再大的学问也不如聚精会神来得有用。”爱迪生也曾说：“高效工作的第一要素就是专注，能够将你身体和心智的能量，锲而不舍地运用到同一个问题上，而不感到厌倦的能力，就是专注。对于大多数人来说，每天都要做许多事情，而我只做一件事。如果一个人将他的时间和精力都用在一个方向、一个目标上，他就会取得成功。”换句话说，很多成功的人都有做事专注的特点。只有把注意力集中在你所期待的事情的结果上，减去中间的干扰，才能实现心中所愿，其实这也是一种打破常规思维，进行逆向思考的简化思维。

遍布美国的都市服务公司创始人亨利·杜赫曾提到，人有两种能力是千金难求的：第一种是思考能力；第二种是集中力量在重要的事情上全身心地投入工作的能力。这也就意味着，我们在工作和解决问题时，应该把精力集中在正在做的那件事情上，才能有效地解决问题。然后，我们再去做其他的事情，就不会分心。我们只是强调，尽可能不要同时做两件或两件以上的事情，否则，很多事情放在一起处理，不仅会花费很多时间，而且会使自己手忙脚乱。

美国钢铁大王安德鲁·卡内基富可敌国，但最令人佩服的是，他不但能将日常工作事务处理得井然有序，而且晚上的宴会也是每场必到。白天忙碌完公司事务后，晚上仍有充足的时间和大家一起吃饭玩乐，甚至有时还能参加娱乐节目。有人不解他是如何兼顾工作和娱乐生活的，他说，其实能够轻松自如地做好大多数事情很简单，只要你能够安排好事情的轻重缓急，然后一次仅做一件事情，就可以今日事今日毕。无论做任何事，都要从专注于结果开始，仅此而已。

为了达成目的，我们在做事之前就要明确行动目标，把注意力集中在结果上，删繁就简，运用逆向思维来寻求最简化的方法，从而达成目的。

但我们要知道，制定的目标不能太高，否则就会让人看不到结果，从而心生退意。实际上，制定目标是一回事，完成目标又是另外一回事，两者自然是不同的。制定目标是明确做什么，完成目标则是明确如何做。与其用一个高目标给自己压力，倒不如制定一个合适的目标，并制订行动计划，运用逆向思维去除复杂的程序，关注结果并形成动力，这样才会用最简单的方法，达到最终的目的。

在人生的道路上，我们常常会改变自己的奋斗目标，一个人有几个目标是很平常的事，但在这些目标里，总有一个是你最想实现的，那么这个目标对你来说就是最有价值的。换句话说，也就是你最需要集中注意力去完成的。

担任詹森集团总裁兼执行官的比尔·詹森，自1992年开始就持续进行一项名为“追求简单”的研究，即通过长期观察企业员工的工作模式，探讨造成工作过量却效率低下的原因。最初的调查对象是来自460家企业的2500名人，如今已经扩大到1000家企业的35万人。这些企业包括美国银行、花旗银行、默多克与迪士尼等大型企业。在此期间，詹森分别推出了《简单就是力量》和《简单工作，成就无限》两本书。他将简单的概念运用到日常的工作中，根据多年的调查研究结果，他认为：现代人工作变得复杂而又效率不高的最重要的原因就是缺乏焦点，也就是不清楚目标，总是浪费时间在做一些不必要的事情，从而遗漏了关键信息。詹森告诫企业家们，在审查自己每周的工作计划时，要学会做减法，尽量减去那些可办可不办的事情，因为做得够多不等于做得够好。

在工作中，我们的上司关注的虽只是结果，但这并不意味着就可以花费更多的时间来降低效率。所以，要想在工作中取得成绩，就不应该盲目做事，而要做真正值得做的事。很多人总是混淆工作过程与工作结果，他们认为做大量的工作，尤其是艰苦的工作，就一定会带来成功，可是现实却并非如此。任何活动过程并不能保证一定成功，甚至还有可能你付出了最大的努力，到最后并不一定是有用的。所以，很多人都会出现费力埋头苦干，却不知所为何事的现象，到头来，发现与成功擦肩而过，却为时已晚。

山田本一是日本著名的马拉松运动员。他曾在1984年和1987年的国际马拉松比赛中，两次夺得世界冠军。有记者问他："何以取得如此惊人的成绩？"山田本一总是回答："智慧战胜对手！"大家都知道，马拉松比赛主要是运动员体力和耐力的较量，爆发力、速度和技巧都在其次。因此，对于山田本一的回答，许多人觉得他是在故弄玄虚。然而10年之后，这个谜底被揭开了。山田本一在自传中这样写道："每次比赛之前，我都要乘车把比赛的路线仔细地看一遍，并把沿途比较醒目的标志画下来，比如第一个标志是银行，第二个标志是一棵古怪的大树，第三个标志是一座高楼……这样一直画到赛程结束。比赛开始后，我就以百米的速度奋力地向第一个目标冲去，到达第一个目标后，我又以同样的速度向第二个目标冲去。40多公里的赛程，被我分解成几个小目标，跑起来就轻松多了。其实，最开始参加比赛的时候，我并不会在意这种关注结果的方法，始终把目标定在终点线的旗帜上，结果当我跑到十几公里的时候，就疲惫不堪了，因为我被前面那段遥远的路吓倒了。”

目标是需要分解的，把最终目标分解为一个个小目标，然后再去实现，就容易多了。这样做，不仅可以起到正面激励的作用，还可以让接下来的目标完成得更加顺利。

在运动场上，运动员是否进入状态，直接影响到竞赛的成绩；在舞台上，演员是否进入角色，直接影响到表演的成功与否，这些都是众所周知的简单道理。同样，在工作中，你是否进入工作状态，也决定了你的工作效率。法国大文豪大仲马一生所创作的作品达1200部之多，这一数据对于有些作家来说，根本是不可能完成的任务，但如果你认为这是大仲马与生俱来的写作天赋，那么你就错了。大仲马之所以能够有如此多的作品，是因为他总是专注于写作一件事，只要一提起笔，他就会忘记一切，就连朋友找他，他也不愿放下手中的笔，总是将左手抬起来，打个手势，以表示招呼，而右手仍然继续写着。

这也体现出了一个人对于一件事的专注度和持久力，这是让他取得进步、成功必不可少的因素。毕竟一个人的精力是有限的，如果同时处理几件事或是将精力分散到好几件事情上，难免会顾此失彼。因此，运用逆向思维，把注意力集中到结果上，尽量让自己的思维简化，才能一步一步实现目标，才会有所成就。

# 用最少的精力做最有效的事

中国汉语词典中有两个成语非常耐人寻味：一个是事半功倍，另一个则是事倍功半。通俗来讲，前者是有效地利用时间，提高自身做事效率；后者则是浪费时间，降低效率。在快节奏的城市里工作和生活的我们，则需要打破传统的思考方式，尝试运用逆向思维，用最少的精力做最有效的事，从而达到事半功倍的效果。

帕累托是19世纪中叶20世纪初意大利著名的经济学家，他发现了一条非常有意思的定律，即在任何一组事物中，最重要的因素只占20%，其余80%尽管占多数，却是次要因素，他的这一定律因此被称为“帕累托法则”，又称“20/80法则”。

帕累托法则，简单来说，就是用最少的精力做最有效的事。对于某些事情，可以通过一个小小的诱因，集中精力抓住主要问题和关键环节，合理地分配时间和注意力，把那些对我们工作和生活有很大影响的事情做好，而不是把宝贵的时间和精力都浪费在琐碎的事情上。

威廉·穆尔替格力登公司推销油漆采用的方法，就是用最少的精力做最有效的事。起初，穆尔每月推销油漆只能赚160美元，他发现这根本达不到自己心里的目标。于是，他改变了为全部客户服务的想法，从已有的名单里选择了部分客户，并且集中精力为他们服务。不久，他每月可以赚到1000美元。很快，他就成了美国西岸最好的推销员。最后，成了凯利·穆尔油漆公司的董事长。

穆尔的这一做法，其实就是用了“20/80法则”，用80%的精力服务于20%的客户，而这20%的客户在认可以后，就会介绍新的客户给穆尔，如此反复，穆尔收获的效益远远超出了80%的利益。可在生活中，很多人总是用80%的精力，甚至是100%的精力来做某件事，却连20%的成果都创造不了。究其原因，一方面，是他们只是关注于这一事件本身，而非事件所带来的效益，一味做无用功；另一方面，是他们不懂得改变自己的思维方式，非得一条道走到黑。要知道，有时只是思维方式的一点点变化，就可以带来与众不同的效果。

有些人的工作时间表上记录着密密麻麻的事情，可其中有多少是最有价值的呢？花费了时间，时间会给予回报吗？你知道哪些事情对你很重要，可以让你进步吗？这一切的关键就在于，你是如何看待它们的价值的，只有认清其价值，你花费的时间、精力，才是值得的，回报才是最大化的。否则，就只是在浪费时间。

另外，要实现一个远大的理想或达到一个奋斗目标，除了不懈追求、积极进取、不怕苦累、勇于付出之外，还要利用逆向思维把事情尽力简化，找准方向，用最少的精力做最有效的事，就会事半功倍，从而离成功更进一步。否则就有可能与成功失之交臂。

有一个伐木工人身体非常强壮，每天都可以工作十个小时以上。可是最近，他发觉自己每天伐树的数量却日渐减少，这让他很是费解。一天，他的管工看见他满脸愁容，便关心地问道：“你为何愁眉苦脸呢？”伐木工人回答说：“我对自己失去信心了，我以前每天可以伐十几棵树，现在却每天都在减少。我不仅没有偷懒，而且增加了工作时间，我真不明白这是为什么？”管工看了看他，再看看他手中的斧头，心有所悟地说：“你是否每天都用这把斧头伐树呢？”伐木工人认真地说：“当然啦！这是我自从伐树以来一直不离手的工具啊！”管工又问：“你有没有用磨刀石磨这把斧头，再使用它呢？”

伐木工人回答道："我每天勤劳工作，伐树的时间都不够用，哪有时间去磨这把斧头？"管工向他解释说："你可知道，这就是你伐树数量每天递减的原因。因为你没有先磨锋利自己的工具，又如何能提高工作的效率呢？"

工欲善其事，必先利其器。很多时候，我们总是像这个伐木工人一样，因为过于关注一件事情的结果，便忘记了应该采取必要的步骤使工作更简单、更快速。其实，每个人都应该时刻充实自己，改善自己的"工具"，用最少的精力做最有效的事，才能收到事半功倍的效果。但这并不意味着投机取巧，有时，投机取巧反而会弄巧成拙。

方明在昨天开早会的时候，手机掉在了地上，把屏幕摔得突出了一点，庆幸的是屏幕并没有碎。方明觉得这不是什么大问题，自己可以动手修好。于是，他就在网上搜了一下拆手机屏幕的步骤和工具，开始动手了。没有螺丝刀，就用剪刀的尖部，没有吸盘，就用缝衣针一点一点撬，一切都很顺利。在方明弄了近两个小时马上就要完美收工的时候，只见他手一哆嗦，手机在拆开的情况下掉到了地上，然后屏幕立马就变黑了。本来是屏幕突出一个很小的问题，拿到手机维修点最多花三十多元，还可以省出两个小时的时间做其他有价值的事情。方明偏偏鬼迷心窍，非得自己动手，结果不仅弄巧成拙，还得付出更大的代价，至少需要200元才能修好。

最常见的浪费时间的现象有以下几种：

（1）千篇一律例行公事的事。

比如，复印开会时所需要的文件，然后分发给所有的部门。按照传统思维来看，明天就要开会了，必须尽快准备，所以浪费点时间也无可厚非。但是，如果用逆向思维的方法，就可以给各个部门发送一个电子邮件，让各部门自己去打印，同样可以达到目的，但却花了很少的精力。

（2）能够一起处理的事。

比如，本月员工的工资收入有些变动，许多人拿着工资单来找会计要求解释。按照传统思维来看，会计有义务给大家解释清楚，可这会浪费很多时间。但是，如果用逆向思维的方法，不如让会计统一发一份文件，做详细地说明，然后让大家自己去看。

（3）超出预期时间，但没有达到效果。

比如，谈判中，遇到多次不能签约的难缠客户。按照传统思维来看，既然你已经做了大量的工作，就应该善始善终地完成，不能半途而废。但是按照逆向思维的方法，如果花费的时间超过预计时间一倍以上，这个项目的含金量就大打折扣了，你消耗的时间和收到的成效，将会更加难以平衡。

（4）不是自己想做的事。

比如，老板让你代替他去参加一个会议，在这个会议上你既不用发言，也不会获得有用的信息，甚至不能结识一些对你有所帮助的人。按照传统思维来看，这是老板对你的信任和器重，你一定不能推辞。但是，如果用逆向思维的简化方法来看，这对你没有任何帮助，如果你有空闲，去去倒也无妨。不过，等到了规定时间，你交不出报告的时候，老板绝不会认同你拿这件事来作为未完成工作的理由。

（5）无用而又乏味的事。

比如，当你遇到无聊到东拉西扯的会议。按照传统思维来看，即使会议的内容与自己无关，也要听下去，毕竟这样才可以显示出你是关心公司动态的。但是，如果从逆向思维的角度来看，你完全可以跟领导说明，然后去做其他有用的事情，而不是在会议上开开小差，浪费宝贵的时间。

总之，面对复杂的工作和生活，我们每做一件事情，都要懂得自己所要达到怎样的目的，并向着目标奋进。除此之外，还要懂得打破思维的固化状态，运用最少的精力去做最有效的事情。

# 一加一未必等于二

很多时候，思维方式决定成败。当我们与社会发生联系时，合作思维便会产生效应。关于三个和尚没水喝的故事相信大家都耳熟能详。当然，没水喝的原因是既缺乏团结合作精神，又互相推卸责任。

其实，从这个小故事中，我们可以领悟到许多道理。

当只有一个和尚时，由于生存需要，他没有逃避的可能性，只有自己去挑水。同样的道理，当你让某个人全权负责某项事情时，他没有丝毫推卸的余地，往往会及时甚至提前完成任务。可当出现两个和尚时，人的惰性和依赖性明显体现，要么每个和尚轮流挑水，要么共同去抬水。其实，这是一种公平的做法，不存在互相找借口不去取水的情况。而当出现三个和尚时，人的惰性和依赖性使得每个人都忙于推卸责任，指望别人去承担义务，自己享受成果。最终，就会出现三个和尚都没有水喝的情况，因为他们只顾着互相推卸责任，找种种借口，互相指责对方了，而没有从整体出发来看待问题。

这就好比整体与部分，我们都知道，整体和部分是客观事物普遍联系的一种形式。它们是对立统一的关系。二者相互依赖，不可分割，各以对方的存在为前提。部分与部分形成整体，并不是简单的叠加，比如，氢元素和氧元素可以合成水，而水具有氢和氧都不具有的功能；又如，只有同时用两根筷子才能夹到菜，只用一根筷子却什么也做不了。在体育比赛中，整体与部分的关系更加重要。就拿篮球比赛来说吧，也许姚明和麦迪的确很厉害，但是如果没有团队的齐心合力，姚明和麦迪可能会很出色，但不会取得这么好的成绩。

还有一个地狱与天堂的故事。

牧师请教上帝，地狱和天堂有什么不同？上帝带着牧师来到一间房子里，只见一群人围着一锅肉汤，他们手里都拿着一把长长的汤勺，因为手柄太长，谁也无法把肉汤送到自己嘴里。每个人的脸上都充满绝望和悲苦。上帝说，这里就是地狱。接着上帝又带着牧师来到另一间房子里。这里的摆设与刚才的房间没有什么两样，唯一不同的是，这里的人们都把汤舀给坐在对面的人喝。他们都吃得很香、很满足。上帝说，这里就是天堂。同样的待遇和条件，为什么地狱里的人痛苦，而天堂里的人快乐呢？原因很简单：地狱里的人只想着自己，而天堂里的人却想着别人。

同样，在一个团队里，如果成员没有团队意识，各行其是，那么团队的目标将永远无法实现。

一只沿口不齐的木桶，盛水的多少，不在于木桶上最长的那块木板，而在于最短的那块木板。要想提高水桶的整体容量，不是去加长最长的那块木板，而是要下功夫补齐最短的木板。此外，一只木桶能够装多少水，不仅取决于每一块木板的长度，还取决于木板间的结合是否紧密。如果木板间存在缝隙，或者缝隙很大，同样无法装满水，甚至连本来就有的水也会一滴水都没有。所有木板比最低木板高出的部分都是没有意义的，高得越多，浪费越大。要想增加木桶的容量，就应该设法加高最低木板的高度，这是最有效也是最直接的途径。可见部分与整体之间的相互制约作用在团队里对于每个成员都是至关重要的。个人的短板，可能直接影响团队任务的成败。

两个事物单独存在的效果远远不及两者共存或合作的状态。究其本质，源于多个事物之间的相互作用和内在联系。当相互作用的效果与事物单独作用的效果一致时，就会产生“一加一大于二”的效果。同时，相互作用的效果也可能与事物单独作用的效果无关甚至相反。故而也存在“一加一小于二”的负面效应。

## 缺点也可以变成闪光点

人们常说，金无足赤，人无完人。每个人身上都有使你耀眼夺目的优点，当然也有一些令人难以接受的不足。所以，我们要学会正确认识自己身上存在的不足，了解自己的缺点在哪里，然后根据实际情况，扬长避短，吸取别人的长处，努力克服自己的不足，并对这些不足加以利用。经过长期的实践锻炼，慢慢地，你就会把缺点变成自己的闪光点。当然，这也是逆向思维的一种思考方式，古今中外，有很多利用这种逆向思维把缺点变成优点的例子。

足球之王贝利举世闻名，在他成名之后，有个记者采访他："你的儿子以后是否也会像你一样，成为一代球王呢？"贝利很肯定地回答："不会，因为他与我的生活环境不同。我童年时的生活环境很差，但我却正是在这种恶劣的环境中磨炼了顽强的斗志，所以，我在面对任何困难和打击时，都不会退缩，这才使我有了今天的收获。而我的儿子生活安逸，没有经受困难的磨炼和洗礼，所以，他也不可能成为球王。”

很多人在经历巨大的打击之后，会变得消极抑郁，甚至就此走向低俗。在我们的惯性思维里，经历磨难，应该是人生中最痛苦的感受。然而，贝利却把它看成是一生中最宝贵的财富，在磨难中锻炼自己坚强的意志，培养自己克服困难的勇气和力量，而正是这些，才成就了贝利的成功。

清朝有一位将军叫唐时斋，他认为军营中的每个人如果使用得当，都是可用之人。例如：聋子可以安排在左右当侍者，能够避免泄露军事机密；哑巴可以传递密信，如果被敌人抓住，除了搜去密信也问不出更多的机密；瘸子可以守护炮台，能够坚守阵地，很难弃阵而逃；瞎子听觉特别好，可以伏在阵地前监听敌军的动静，担负侦察任务。这样的观点虽有夸张之嫌，但也说明了一个道理，倘若将人的短处用在最适合的地方，其短处就会变成长处。这就是逆向思维带来的改变。

当“疯狂英语”的创始人李阳站在世界各地的大舞台上用他的“疯狂英语”进行演讲时，你能想象得到小时候的他曾是一个极度怕羞、自卑又内向、英语成绩极差的孩子吗？

李阳在中学时代成绩就很一般，高考时的成绩为400分，由于政策照顾才勉强考进了兰州大学。刚刚进入大学的李阳和以前相比，并没有什么大的改变。大学二年级，他曾多次补考英语，这让已经不再懵懂年少的他觉得自己特别失败。为了改变这种窘况，李阳下定决心学好英语。他摒弃了偏重语法训练和阅读训练的传统，另辟蹊径，从口语突破，并独创性地将考试题变成了朗朗上口的句子。为了防止自己学英语坚持不下去，他就叫上了班里最刻苦的一个同学和他一起学。尽管肆无忌惮地大声朗读给他带来过很多白眼、质疑，甚至是嘲讽，但他毫不在意地继续着自己的“英语突破战”，他坚信“天才就是重复次数最多的人”。

经过4个月的艰苦努力，李阳在当年大学英语四级考试中一举获得全校第二名的优异成绩。后来，他还和同学合作，用自己的方法进行同声翻译训练，达到了在别人讲话的同时，可以在只落后一两句的情况下立刻翻译成英语的程度。曾经让李阳最头痛的英语，渐渐成了他激扬人生里最耀眼夺目的灯盏。从大学四年级开始，他便广泛地参与国内和国际场合的口译。在此基础上，李阳摸索总结出一套以英语学习失败者为基点的英语学习法，集听、说、读、写、译于一体，被称为“疯狂英语”。

1989年，他首次成功地战胜了自我，公开发表演讲，介绍这套方法，并开始应邀到各个学校传授“疯狂英语”。在这个过程中，他经受的挫折与坎坷不计其数，正如他所说：“失败是有益的向导，而不是退却的信号，你最好准备面对50%的失败！”2008年北京奥运会，李阳的“疯狂英语”团队成功竞标，成为北京奥运会语言赞助商。这让他兴奋不已，他说：“终于可以用国家力量和国际力量来做我自己想做的事了。”

由此可见，只要你善于利用逆向思维思考问题，你身上的缺点一样可以变成你成功的闪光点。当然，如果我们充分发挥自身的优点，也许就能造就自己独特的风格，可是缺点被巧加利用之后，同样也可以成就你人生的辉煌。

他从小就不是父母眼里的乖孩子，因为他太爱打架了。更糟糕的是，在他上七年级时，因为打架居然差一点将一个同学打死。学校给他的父亲下了最后通牒：如果他再打人，将勒令他退学。虽然父亲想尽了办法，可他的老毛病总是改不了。在16岁那年，他被学校开除了。就在父母为他的前途担忧时，原来教他的体育老师找到了他的家里，对他父亲说：“国家队正在选拔摔跤选手，不如让他去试试。”

父亲听后连连摇头：“他如此喜欢打架，已经让我头疼不已，现在让他去学摔跤，万一将对方摔坏了，那他以后也许只能在监狱里度过一生了。”体育老师笑了，他对这位可怜的父亲解释道："只要是在合法的情况下将对手摔倒，那不仅不是犯罪，还能为自己和祖国争得荣誉呢！"

从此以后，这个男孩的命运发生了彻底的改变，他参加了三届奥运会，并且蝉联了三届奥运会男子130公斤级古典式摔跤冠军，成为举世瞩目的体坛巨星。这个男孩就是俄罗斯著名的摔跤运动员卡列林。

1989年出生在波兰一个富裕家庭的娜塔莉亚·帕蒂卡，天生就缺少右前臂。她从7岁开始就迷上了乒乓球，后来11岁参加残奥会，在15岁时更是赢得了2004年雅典残奥会乒乓球冠军。尽管此前她未获得北京奥运会的参赛资格，但是波兰乒乓球队主教练还是将他们心目中的这位女英雄选入了乒乓球女团参赛。2008年北京奥运会乒乓球女团小组赛，波兰队以3：1战胜了德国队。在这场比赛中，这位来自波兰的"独臂女侠"赢得了全场的尊敬和掌声。在接受采访时，这个乐观的波兰女孩说："对我来说，从来就没有什么不一样，我可以通过自己的努力去战胜弱点，发挥我的优势。在这一点上，我和其他人是一样的。"

我们不能选择命运，但是我们可以接受命运的挑战；我们不能主宰命运，但是我们可以坚强地面对命运。帕蒂卡为我们树立了良好的榜样。一个人的优点与缺点都是相对的。如果我们在面对自己的“短处”时，能运用逆向思维，去除因为缺点而带来的负面情绪及心理障碍，并能把参照物放大或者改变参照物，那么，我们的“短处”就可能变为“长处”。

李响在同学眼中是一个积极乐观、充满阳光的男孩，他学识渊博，口才出众，辩论风采更是轰动全校，令人钦佩。但是，熟悉李响的人都知道他是有生理缺陷的，不仅有点跛足，还有些口吃。你肯定会感觉很奇怪，一个口吃的人怎么会有那么出众的口才，而且还善于辩论呢？其实这并不是什么秘密，用李响自己的话说就是“善于掩饰”。原来，针对自己的两大缺陷，李响极其注意掩饰，一贯坚持“两慢一仰”的做法。也就是说，他为了掩饰自己的跛足，走路从来都是仰头慢行，这样看上去步履就会显得特别沉稳；为了掩饰口吃，他说话抑扬顿挫，慢条斯理，这样讲话就会掷地有声。结果，慢，练就了他不急不躁、遇事沉着的性格；抬头挺胸，给了他胸有成竹的自信。于是，缺陷就像浮云一样，飘到了天边看不见的角落。

由于李响善于掩饰缺陷，不仅可以正常生活，而且能代表学校参加辩论。所以，有信心避开短处，或者利用好自己的短处，何尝不是另一种长处呢？

世间事常常是福祸相伴，对每个人来说，面对自己的优势与长处，如果能够坐下来静心思考咀嚼一番，对自己的发展是很有帮助的。尤其是在找出自己的不足之后，更要运用逆向思维进行自警与自勉，逐渐将不足转化成人生亮点，这才算真正体验到了人生的真谛。

# 榜样不一定就是成功者

古语云："胜者为王，败者为寇。"在人们的传统观念里，失败者就如同犯了严重错误的人一样，受人唾弃。但是，如果你能运用逆向思维来看待犯错的人，就会发现，原来，榜样不一定就是成功者。

在众多比赛中，马拉松比赛无疑是极具挑战性的，尤其考验人的意志力。正因如此，马拉松比赛才会有如此多的人喜欢，也才会涌现出很多出色的选手。但是，对于那些成绩平平的选手，则鲜为人知。事实上，这些"失败者"更值得让人肃然起敬，不为别的，就为他们明知自己会失败却始终没有放弃的信念。而这种信念恰恰取决于他们的思维模式。

23岁的沙特阿拉伯选手莎拉·阿塔尔在伦敦奥运女子马拉松比赛中的表现就是一个很好的例子。众所周知，沙特是长期禁止女性参加奥运会的，但由于受国际奥委会多次严重警告，不得不解禁，首次允许两名女选手赴伦敦参赛，阿塔尔就是其中之一。最终，阿塔尔落后小组第一44秒，虽然她没有赢得比赛，但在我看来，她并不是失败者。相反，她是很多人的榜样，这不仅因为她的参赛意味着沙特女运动员在奥运赛场上迈出的历史性一步，更意味着她能不受沙特固有思维模式的束缚，大胆地按照自己的思维方式去努力实现自己的目标。这样的一个人，难道不是榜样吗?

我们在生活中常常也会遇到类似的人。他们虽然没有取得人们预期中的辉煌成绩，但是，他们以独特的魅力向世人展示着他们的人生价值。当你处于人生低谷时，不要气馁，尝试着换种思维方式重新认识自己的失败历程，可能会让自己更加优秀，从而得到他人的尊重。

史泰龙年轻的时候穷困潦倒，身上全部的钱加起来也不够买一件像样的西服，但他仍全心全意地坚持着自己心中的梦想——做演员。当时，好莱坞有500多家电影公司，史泰龙根据自己仔细划定的路线与排列好的名单顺序，带着为自己量身定做的剧本前去一一拜访。但一轮拜访下来，竟没有一家电影公司愿意聘用他。面对无情的拒绝，史泰龙没有灰心，从最后一家被拒绝的电影公司出来之后不久，他又从第一家开始了他的第二轮拜访与自我推荐。可是，第二轮拜访最终也以失败而告终。第三轮的拜访结果仍是失败。就连他去过的公司里的很多人都劝他放弃，甚至有些还讥讽他。尽管如此，史泰龙依然没有放弃，当拜访到第350家电影公司时，这家公司的老板竟破天荒地留下了他的剧本。这简直让史泰龙欣喜若狂。几天后，他获得这家公司的通知，请他前去详细商谈。就在这次商谈中，这家公司决定投资开拍史泰龙的剧本，并请他担任自己剧本中的男主角。这部电影就是我们所熟知的《洛奇》。

史泰龙经历了那么多次的失败，却从不言败，始终坚持自己要当演员的梦想，并为此进行了不断的尝试。正是因为他这种坚持初心的精神和他不在意他人眼光的思维，最终让他获得了成功。

由此可见，在成功者尚未成功之前，他们的失败经历更值得我们学习。当然，我们也要运用逆向思维来思考，不要只看到成功者的光环，更多的是要从众多的失败案例中吸取经验，让这些经验成为自己的宝贵财富。成是功的积累，功到自然成，但有些失败者对于成功，一方面是焦躁不已，想要急功近利；另一方面则是灰心丧气，始终都不能从痛苦中抽离。想一想，如果没有失败，那我们就无法从中吸取经验和教训；如果没有失败，那成功就会变得廉价，也会失去它原有的价值。

在林肯大半生的奋斗和进取中，他有九次失败，只有三次成功，而这三次成功分别是成功竞选州议员、当选国会议员、成为美国总统。

林肯的一生其实并不是一帆风顺的，他经历了太多的苦难和不幸。1834年，林肯失业了，但他没有叹气和消极，而是不断地向命运发起挑战。他觉得胜利是一种习惯，失败也是一种习惯，他不会贪图一时的胜利，也不会沉浸在一时的失败中，只会朝着他心中的目标坚定不移地、脚踏实地地前进。

在林肯下定决心要当政治家时，他就抱定“天下无难事，只怕有心人”的信念。林肯满怀信心地去竞选州议员，然而他却失败了。在失业和落选的双重打击下，林肯仍然没有灰心。之后，他又白手起家，可这家企业不到一年就倒闭了，所欠下的债务却用了17年的时间才偿还清。人就是在挫折和失败中成长的，要是没有这些经历，林肯在后来的竞选州议员、竞选总统中可能也就不会成功了。

林肯曾经说过一句话：“我们关心的，不是你是否失败了，而是你对失败能否无怨。”的确，我们应该以平常心看待失败，因为失败时常发生，但这并不是意味着就没有希望。一个成功人士的背后往往隐藏着更多的失败和辛酸，可以说没有失败，就没有成功。

失败是人之常情，当我们的人生充满失败的时候，不要畏惧，要打破常规想法，重新审视自己失败的原因，找到问题症结所在，只有这样，你才会离成功越来越近。

因此，我们要正确看待失败，要从不同的角度分析，运用逆向思维，用新的视角去观察，你才会发现在失败中其实还蕴含着很多成功的机会。所以，请记住，当你运用逆向思维进行思考时，失败者也是可以成为榜样的。

# 回头路也可以走一走

我们在做事时，无论遇到什么挫折，都不要走回头路。这是人们惯性思维里早就形成的一种定式，觉得走回头路就是没有出息的表现。其实不然，当你离开某个熟悉的环境之后，觉得新的选择不适合自己，一定要走出思维定式的怪圈，用逆向思维思考，回头望望走过的路，也许你会发现以前的风景同样让人流连忘返。

一群马儿来到一片肥沃的草地上，它们高兴极了。于是，马儿们一边忘乎所以地吃着鲜嫩的青草，一边往前走，它们都觉得这是上天对它们的恩赐。所以，马儿们一路向前，吃了一路绿油油的青草。终于，马儿们从这头吃到了那头，满以为一直能吃到青草的它们却没有想到，等待它们的却是一望无际的沙漠。这时候，几乎所有的马儿都很惋惜再也吃不到这样好的草了。于是，有的马儿继续前行，想要尽快穿过沙漠找到新的草地，有的马儿忍不住回头望了望吃剩下的青草，但始终没有下定决心往回走，它们认为自己是好马，而好马是不吃回头草的。只有一匹马儿回头走向了来时的路，它轻松地往回走，坦然地吃着回头草。最后，其他没有走回头路的马儿都饿死了，只有它活了下来。也许自然界中没有这样的马儿，但现实生活中却有这样的人，他们以“好马”自居，认为错过了就错过了，失去了就失去了，表面上不在乎，心底里却后悔不已。其实，不是他们不想吃“回头草”，而是他们不敢吃。究其原因，就是因为他们的潜意识里的所谓“面子”。可是当生命和面子要二选其一的时候，相信所有的人都会知道如何选择。有时候我们不得不承认，“好马”需要吃“回头草”的思维，也是一种追求人生价值最有效率的方法。

乔丹是NBA最著名的球星之一，外号“飞人”。在他退役后，尝试了棒球、高尔夫球等很多职业，但都不是很适合。经过不断思考后，他觉得最能体现自己人生价值的事业，还是他所热爱的篮球。乔丹通过思考过去的经历，还是选择了篮球。这何尝不是吃“回头草”的一种表现呢？所以，无论我们做什么事，改变一下自己的固有思维，时不时地回头看看走过的路，无疑是为了明天能够更好地开拓进取，实现人生的价值。

很多时候，我们容易被别人的思维左右，容易在乎别人的看法，容易活在别人的有色眼镜之下，容易受到束缚。在这种情况下，自然就会认为好马是不应该吃回头草的，回头路是不能走的，可很多现实告诉我们，这是错误的思维。相反，很多转变了思维模式，走了回头路的人，都有了意外收获，有了生活的另一番天地。

曾经看过这样一个故事：

主人公小马因为妻子出轨，选择了离婚，而妻子在不久后就与情人走到了一起。离婚后的小马交了很多女朋友，但没有一个合适的。前妻再婚后，也发现情人不适合自己，反而觉得小马全身都是优点。于是，两人在各自都觉得对方是最好的情况下，前妻选择离开了情人，和小马复婚。复婚以后的两人，感情更是甚于从前。

故事中的小马和前妻在经历过分离后，选择遵从了自己的本心，按照自己的思维选择了适合自己的生活，并没有被思维束缚住。可现实中的很多人，却总是死要面子活受罪，被所谓的“好马不吃回头草”的谬论给束缚住了。其实，无论是在职场上还是在生活中，回头路都是可以走一走的。

每个人在对新鲜事物充满好奇心时，就容易盲目冒进，所以就更需要适当地停下来，看看自己走过的路，想想自己以后的路。然后，再决定是继续前行，还是选择走一走回头路。其实，无论哪种选择，说到底都是我们思维方式的一种体现。就好比，每个人对于“好马”的判定标准各不相同一样。

有时候，“好马吃回头草”的思维方式对于企业管理来说，未尝不是一种招揽人才的有效方法。

比如，摩托罗拉公司就有一套比较完整的“回聘”制度，鼓励辞职的员工“吃回头草”，尤其是欢迎前雇员中的“核心人才”回公司。再如，中国著名的民族日化企业立白集团，也有很好的“回头马聘任”制度，而且这种制度在集团的各个层面都得到了很好的贯彻执行，并且形成了企业特色。

其实，人们意识里的“好马不吃回头草”，就注定了很多的不如意，这句话本身就缺乏让人回旋的空间，自己把自己的路堵死了。或许你会说，“好马不吃回头草”代表的是一种骨气，你愿意为了这种骨气，宁可当“一匹被活活饿死的马”，那自然是没话说。但有时候，骨气和意气是很难划分得清楚的。绝大多数人在面临该不该“回头”时，都把意气当成了骨气，或用骨气来包装意气，明知“回头草”又鲜又嫩，却怎么也不肯“回头去吃”！当然，这并不是说，你“不吃回头草”就会饿死，它只是代表做事需要有一种弹性的思维方式。

其实，在遇到事情时，诸如面子、骨气等因素，大可不必去考虑，因为一考虑到面子和骨气，你就会有所顾虑，思维就会受到束缚。换句话说，你应该先考虑如何走出固有思维，解决问题，而不是其他。当然，“吃回头草”时，你会遭到周围人对你的非议。可我要说的是：每个人的观念都有所不同，在面对残酷的现实时，我们就要做好充分的准备，懂得让思维转弯。要知道，“好马吃回头草”，也能吃得“膘肥体壮”。